Wolfgang Smith
pour tous

COLLECTION *MÉTAPHYSIQUE AU QUOTIDIEN*

dirigée par Bruno Bérard et Annie Cidéron

La collection *Métaphysique au quotidien* entend diffuser auprès d'un public élargi des doctrines métaphysiques et théologiques vivantes ou, d'une certaine façon, « vécues » par ceux qui les exposent. Fondée par une démarche philosophique – ouverte, par définition –, la collection encourage le dialogue avec d'autres domaines de la science comme la psychologie, la physique, la logique, la cosmologie, l'éthique… ou avec l'art.

DERNIÈRES PARUTIONS :

Série « … pour tous »

Silvano Panunzio pour tous*, sa vie et sa pensée*, Aldo LA FATA, 2025.

Paroles chrétiennes pour tous, Contresens et vérité, Bruno BÉRARD et Aldo LA FATA, préface du P. Richard Escudier, 2025.

Jean Borella pour tous, Bruno BÉRARD et Paul DUCAY (dir.), avec Franck AGIER, P. Luke BELL, David BISSON, Greg CALTO, John CHAMPOUX, P. Richard ESCUDIER, Aldo LA FATA, Christian FAURE, Philippe FAURE, Bruno GUILLEMIN, Sandy HINZELIN, Marie-José JOLIVET, Thomas JULIEN, Fr. Maxime LABORDE, James MULLEN, Leo NUNES, Damien POISBLAUD, Jacob SHERMAN, Pierre-Marie SIGAUD, Wolfgang SMITH, Denis SUREAU, Adrian WALKER, Thomas ZIMMERMANN, 2025.

Théologie pour tous, Bruno BÉRARD, Aldo LA FATA et un ami moine, préface et postface de Johannes HOFF, 2024.

L'ésotérisme pour tous*. Entretiens avec Aldo La Fata*, Bruno BÉRARD et Aldo LA FATA, postface de Jean-Pierre BRACH, 2024.

Métaphysique pour tous*. Entretiens avec Bruno Bérard*, Bruno BÉRARD et Annie CIDÉRON, 2022.

Autres dernières parutions

Nuccio D'ANNA, *Orphée. Métaphysique et mystique*, 2025.

Aldo LA FATA, *Ésotérisme – Métaphysique – Métapolitique. Parcours de lecture dans le labyrinthe des livres*, 2025.

Bruno BÉRARD et Annie CIDERON, *Pamphile (André Bérard, 1922-2019). Un poète, pionnier du yoga en France*, 2025.

Bruno BÉRARD, *Conversation avec ChatGPT sur l'homme, le monde, Dieu et l'intelligence artificielle*, postface de Johannes Hoff, 2024.

René Guénon, Frithjof Schuon, Héritages et controverses, avec Jean BORELLA, Marco GIARDINI, Iheb GUERMAZI, Felix HERKERT, Setareh HOUMAN, Jean-Pierre LAURANT, Patrick RINGGENBERG, Mark SEDGWICK, Marco TOTI.

Silvano PANUNZIO, *Propos sur René Guénon, Julius Evola, Frithjof Schuon et quelques autres. Articles et correspondances*, 2023.

Silvano PANUNZIO, *Métaphysique de l'Évangile éternel*, 2021.

Jean BORELLA, *Grains de sel d'un chrétien*, 2021.

Sous la direction de
Bruno Bérard et Marie-José Jolivet

Wolfgang Smith pour tous

Introduction à la physique

Et témoignages-hommages
à la suite de sa disparition

L'Harmattan

5-7, rue de l'École-Polytechnique - 75005 Paris

www.editions-harmattan.fr

ISBN : 978-2-336-57656-5

EAN : 9782336576565

Exergue

Ce livre fut prévu comme hommage à Wolfgang Smith à l'occasion de son 95e anniversaire ; posthume, il reste un hommage, doublé d'une introduction à son œuvre, c'est-à-dire, tout particulièrement, à la science physique débarrassée de tout scientisme.

Wolfgang fut un ami depuis 2008 et Marie-José Jolivet est la traductrice de ses œuvres plus récentes. Cela étant posé, les textes qui vont suivre sont le fait de chaque contributeur en son nom.

Que Wolfgang Smith soit à la fois mathématicien, physicien et métaphysicien est suffisamment rare pour être signalé d'entrée de jeu. Il y a eu certes Platon, Aristote, Descartes, Leibniz… mais, à l'heure de la surspécialisation des sciences, une pensée transversale est ô combien bienvenue et précieuse.

Alors qu'une des caractéristiques des écrits de Wolfgang est d'être clairs et précis – « to the point », *dirait-on en anglais – il pourrait paraître surprenant d'en envisager cette présentation. Toutefois, on le verra, il n'était pas inutile de dresser le panorama des multiples sujets traités : physique quantique, perception, cosmologie, évolutionnisme, teilhardisme… On découvrira alors une pensée cohérente, une* Weltanschauung *– une vision du monde – à même, non seulement d'offrir une porte de sortie à la physique, prisonnière d'une impasse, mais surtout de prodiguer une compréhension du monde et de l'homme, sous le regard d'une transcendance irrécusable.*

Il ne s'agissait bien sûr pas ici de développer une thèse sur la vie et l'œuvre de Wolfgang Smith ; en revanche, les éléments qui suivent doivent en donner une vue d'ensemble et en faciliter la compréhension – sans manquer de renvoyer aux livres du maître.

Bruno Bérard

Sommaire

Introduction
Wolfgang Smith et l'initiation

Je ne saurais dire exactement quand, mais à un moment de mon propre développement intellectuel, j'ai découvert un groupe de penseurs qui m'ont révélé la profonde dimension initiatique de la recherche philosophique. Cette dimension, bien sûr, fut centrale aux origines de la philosophie, mais elle s'est perdue parallèlement – et non sans lien – à la sécularisation de la discipline.

Les penseurs que j'ai en tête sont Stratford Caldecott, Jean Borella, Wolfgang Smith et quelques autres. Ces hommes étaient liés au moins de deux façons : ils avaient tous été profondément influencés par le penseur français et critique de la modernité René Guénon, ainsi que par d'autres « traditionalistes » ou « pérennialistes » du XXe siècle ; et chacun d'eux avait redonné vie au discours catholique en intégrant cet héritage dans leur pensée chrétienne de manière merveilleusement créative. De plus, tous avaient vu leurs écrits publiés chez Angelico Press.

Smith, sur qui porte le présent volume, a surtout retenu mon attention en raison de la plénitude de son projet. Il y a des philosophes qui consacrent leur vie à une seule question, développant et affinant sans cesse leur réponse. Il y a aussi des philosophes qui consacrent leur vie à de multiples questions et ne semblent jamais apporter de réponse satisfaisante à aucune. Mais Smith se situe parmi ce très petit nombre de penseurs, à travers l'histoire de l'humanité, qui ont répondu à de nombreuses questions – et cela de manière complète. Et non seulement Smith le fit avec une profondeur remarquable, mais il montra aussi à ses lecteurs comment ses multiples intuitions s'articulaient en un exposé unifié et cohérent de la réalité – ce que nous entendons vraiment, ou devrions entendre, par sagesse.

Cependant, l'œuvre de Smith n'était pas un « système ». Un « système » philosophique implique une appropriation conceptuelle – ou pire, une conquête – de la réalité qu'il prétend décrire. Smith, au contraire, resta toute sa vie un humble mendiant aux pieds de Dame Sophia. Ainsi, ses écrits ne nous offrent pas une structure schématique par laquelle nous pourrions réduire le monde à un assemblage d'abstractions. Bien au contraire : sa pensée nous libère de la chambre des abstractions désincarnées et, par étapes, nous initie de nouveau au monde corporel de notre expérience, en nous indiquant au passage toutes les implications d'une telle initiation.

Si je devais (peut-être imprudemment) tenter de résumer la principale contribution de Smith à la culture intellectuelle de notre civilisation, je dirais qu'elle fut triple :

1. un nouveau dialogue, plus riche, entre la science moderne et la philosophie classique, conduisant à la réconciliation des deux (et permettant de dépasser le matérialisme réductionniste) ;
2. un dialogue créatif entre la tradition intellectuelle catholique et les grandes traditions spirituelles et philosophiques du monde ;
3. une réintégration de la gnose comme partie intégrante de la *weltanschauung* chrétienne.

En présentant ainsi les grands thèmes de son corpus, on voit que la « plénitude » caractérisait précisément la recherche de Smith : plénitude en cosmologie ; plénitude dans la sagesse humaine, embrassant toute vérité où qu'elle se trouve ; plénitude quant à l'union de l'homme avec son Créateur.

Comme ses lecteurs le savent bien, dans le développement de son projet Smith s'attaqua à l'option largement non questionnée – et donc préjudiciable – en faveur d'un bifurcationnisme cartésien persistant, qu'il identifiait comme la fausse épistémologie permettant à de nombreux physiciens de poser le domaine quantique et le domaine corporel comme coextensifs sur le même plan horizontal de réalité. Il contesta ce paradigme en retrouvant l'ancienne notion d'une structure tripartite de tout l'être, structure présente dans toutes les religions et traditions de sagesse, bien qu'exprimée diversement.

Ce qui parcourait implicitement – et parfois explicitement – tous ses écrits était l'idée que l'investigation de la nature de tout niveau de réalité impliquait une réponse morale de la part de l'enquêteur. À cet égard, j'insiste sur le fait que ses écrits s'inscrivent en stricte continuité avec la tradition philosophique ancienne, en étant essentiellement initiatiques.

Le monde physique – le monde exploré par le physicien – révèle, à travers l'investigation mathématique et expérimentale, un domaine d'indétermination, dans lequel la *materia prima* est appelée à se manifester – ou actualisée – par la réception de la qualité. À son tour, le monde physique révèle la puissance du Créateur dans l'ordre créé, puisqu'Il fait advenir le monde corporel de notre expérience, lequel, dans son actualisation, nous dévoile quelque chose de la vie intérieure de son Auteur. Le monde est donc véritablement théophanie. Et ce qui effectue l'actualisation de ce monde corporel de notre expérience, c'est le monde spirituel, ou monde aeviternel, qui est verticalement contigu – et donc causalement lié – au monde corporel. Ainsi, la recherche intellectuelle et spirituelle à chaque niveau conduit à quelque intuition de Dieu et de sa révélation dans le cosmos, nous orientant de diverses manières vers la poursuite de la sagesse divine, ou, pour reprendre le terme préféré de Smith, la gnose.

Mais en quoi la gnose diffère-t-elle, par exemple, de la catéchèse ? Smith fait une remarque (presque en passant) dans un essai peu connu intitulé *Science et mythe : le lien caché* :

> Ce n'est pas la fonction de la doctrine de nous faire sortir du mythe fondateur : de « l'expliquer ». Au contraire, sa fonction est de nous introduire dans le mythe ; car, en effet, la perle de vérité réside dans le mythe comme dans un sanctuaire. La doctrine authentique peut nous conduire jusqu'au seuil de ce sanctuaire ; mais comme Moïse devant la Terre promise, elle ne peut y entrer.

C'est probablement la présentation la plus concise que j'aie jamais rencontrée de la distinction – d'une importance particulière pour Clément d'Alexandrie – entre le chrétien *pisticus* et le chrétien gnostique. Ici, « gnostique » n'est pas entendu au sens péjoratif du manichéisme et de ses antécédents ou successeurs dans le monde occidental. Bien au contraire, Smith s'éleva contre cette pseudo-« gnose ». Il s'agit plutôt d'une gnose à laquelle Smith parvint lui-même, d'abord par le rejet de deux formes de dualisme.

Le premier dualisme était celui du bifurcationnisme cartésien mentionné plus haut, qui ensorcela longtemps l'esprit occidental et continue de miner la croyance dans le monde de notre expérience, en réduisant la « réalité » à la quantité et à la mesure. Le second dualisme était plus ancien : celui de la « double vérité », qui pose que les prétendues vérités de l'enquête rationnelle et scientifique seraient sans rapport avec – et probablement en conflit avec – les vérités de la foi religieuse et de l'expérience spirituelle.

La réponse de Smith à de tels dualismes fut de replacer les découvertes scientifiques dans le cadre d'une métaphysique classique de la participation, combinant l'ontologie des traditions platonicienne et néoplatonicienne avec le réalisme corporel de la tradition thomiste. Le résultat a été un dialogue renouvelé et sérieux entre la science contemporaine et la philosophie classique, une réappropriation de notre monde après des siècles de domination du scepticisme épistémologique, et une redécouverte du cosmos théophanique comme échelle de l'être permettant de s'élever vers la transformation spirituelle par l'union avec Dieu.

Par conséquent, l'accomplissement de Smith implique aussi la reconquête du sens et de la finalité personnels, car nul ne peut espérer mener une vie pleine de sens et de finalité dans un univers dépourvu de sens et de finalité. Ainsi, involontairement, Smith a rajeuni la discipline philosophique en tant que chemin d'initiation, ce qu'elle aurait toujours dû être. C'est ce que je constate de mes propres yeux lorsque j'initie mes étudiants à l'enseignement de Smith depuis que j'ai été nommé à la chaire Wolfgang Smith de philosophie à St Mary's University, Londres. Je suis immensément fier d'occuper une chaire qui porte son nom. Il m'apparaît clairement que sa mission ne fait que commencer.

Dr Sebastian Morello
Chaire de philosophie Wolfgang Smith
St Mary's University, Twickenham, Londres
29 IX 2025

Témoignages-hommages

Ma rencontre avec Wolfgang Smith s'est produite à la fin des années 90 dans une grande librairie de New York. Étant entrée avec l'intention d'y trouver les dernières nouvelles de l'astrophysique, mon regard est tombé sur un livre dont le titre m'a arrêtée : *Teilhardism and the New Religion, a thorough analysis of the teachings of Pierre Teilhard de Chardin.* J'avais éprouvé dans le courant des années 50 une flambée d'enthousiasme pour les écrits de l'honorable Jésuite, mais elle s'était rapidement éteinte, et jamais renouvelée. J'ai flairé dans l'expression « *New Religion* » un certain ton critique qui m'a incitée à emporter le livre. Assez curieusement, la quatrième de couverture ne disait rien de l'auteur, de moi parfaitement inconnu. C'est après avoir lu sa biographie sur la dernière page que j'ai réalisé qu'il ne s'agissait pas d'un théologien, mais d'un scientifique de très haut niveau. Le réquisitoire contre Teilhard de Chardin m'a semblé judicieusement équilibré par un exposé nourri de références à l'Écriture, et de ce qu'est la tradition chrétienne telle que je l'avais reçue. C'était ce qui m'apparaissait être l'originalité de l'ouvrage : critique, certes, mais rétablissant pour le lecteur ce que le dogme catholique enseigne depuis des siècles. C'est alors que j'ai décidé de le traduire, et, ce faisant, d'élargir ma connaissance de l'auteur en lisant ses ouvrages disponibles à l'époque.

Aujourd'hui, si je reprends ce livre broché, mis en pièces par des heures d'utilisation et de manipulation pas toujours respectueuse (traduction oblige), je suis envahie d'un sentiment de reconnaissance et d'émerveillement au souvenir de ce qu'a été pour moi une longue familiarité avec la pensée scientifique et métaphysique de celui qui fut à la fois un grand chrétien et un savant exceptionnel, en qui convergeaient enfin un savoir qui emporte l'admiration et une profonde conviction catholique, passionnément exprimée. En effet, n'en étant pas restée à cette critique de Teilhard (et en particulier de son obsession évolutionniste) et par le fait de circonstances qui importent peu ici, ayant parcouru la presque totalité de ses écrits, j'ai découvert chez lui des conceptions nouvelles relatives à des questions scientifiques non résolues aujourd'hui, sur lesquelles buttent les physiciens depuis presque un siècle — et cela parce que leur science s'est délibérément éloignée d'une vision globalisante de l'univers : celle de la science qu'on appelle « traditionnelle ». Il semble que Wolfgang Smith soit non seulement un immense physicien, mais aussi le seul chez qui métaphysique et physique se lisent en parallèle ou se croisent constamment. Certes cela ne fait pas d'ombre (en général) aux auteurs scientifiques qui au cours des siècles ont apporté des connaissances concrètes toujours valides sur le monde que nous habitons. Mais en fréquentant W.S. et du fait de sa conception de l'univers intégral qu'il qualifie de « tripartite » (composé de trois mondes — vision très proche de la doctrine hindoue), nous ne pouvons faire autrement que prendre conscience de notre ancrage permanent dans une Réalité incommensurable, inaccessible à nos sens, bien que présente dans la moindre de nos cellules. Il suffit de lire son exposé sur la perception visuelle pour saisir l'étonnante complexité de ce phénomène, où interviennent des niveaux de réalité que la description classique ignore absolument. Nous devenons conscients que l'immanence d'une réalité transcendante ne concerne pas seulement notre vie spirituelle, mais les humbles faits et gestes de notre quotidien. Et cela, n'en déplaise à certains théologiens qui semblent penser qu'une fois notre planète lancée dans le vide sidéral, le grand Architecte ne s'en occupe plus. Or tout vient d'En Haut, de « l'aeviternité », l'éternel « maintenant » dont découlent le temps et l'espace tels que nous en avons l'expérience – et les plus impondérables mécanismes de notre vie terrestre sont inscrits dans les trois niveaux de ce que W.S. appelle une « totalité irréductible ». L'univers n'est pas fragmentable. L'intérêt des démonstrations solidement argumentées et absolument fascinantes de

Wolfgang Smith découle du fait qu'elles s'appuient non seulement sur une connaissance approfondie de la physique et des mathématiques contemporaines, mais aussi sur des notions métaphysiques deux fois millénaires dont il nous démontre la compatibilité avec les découvertes les plus récentes. Elles font apparaître la vanité d'un soi-disant « savoir » qui par excès de rationalité et mépris de l'« infantilisme » supposé des sciences anciennes, nous a enfermés dans un monde qui est, selon l'expression de Whitehead, « un pêle-mêle de particules se mouvant sans fin, sans signification ».

Marie-José Jolivet
France, 3 XI 2024

Il y a presque vingt ans maintenant, après que Pierre-Marie Sigaud ait eu la riche idée de publier *Sagesse de la cosmologie ancienne*[1], j'ai eu la chance de rencontrer Wolfgang en personne pour la première fois, mon activité professionnelle m'amenant en Californie plusieurs fois par an.

Cela complétait des communications téléphoniques régulières, mais espacées, Wolfgang ne possédant pas à cette époque, malgré mon insistance, de messagerie électronique – situation qui, heureusement, sera rectifiée par la suite.

Très vite, faut-il le cacher, une profonde amitié, voire une complicité, nous a réunis et Wolfgang ne manquait pas de discuter avec moi de ses projets, au fur et à mesure de leur avancement. Quel honneur ! Quel prestige ! Qu'on se rassure, Wolfgang a rarement, voire jamais, pris en compte les avis qu'il me demandait. Il tenait les caps qu'il se fixait, il suivait

[1] Sous-titré *Les cosmologies traditionnelles face à la science contemporaine*, Paris : L'Harmattan, coll. *Théôria*, 2008. Traduction de *The Wisdom of Ancient Cosmology: Contemporary Science in Light of Tradition*, Foundation for Traditional Studies, Oakton VA, U.S.A., 2003.

sa route, poursuivait sa mission. Il fallait qu'il accomplisse son destin, comme il l'a formulé à un ami brésilien.

Ce destin fut double : défendre le génie du christianisme contre l'orientalisme et le pérennialisme et défendre la science contre tout scientisme. Le point commun ? La métaphysique !

Ce fut également le point commun entre Jean Borella, métaphysicien ayant un diplôme de physique, et Wolfgang, physicien disposant d'une solide intimité avec la métaphysique. Cette « complémentarité » devait donner lieu, quelques années plus tard à *Physique et métaphysique*[2] réunissant Jean et Wolfgang.

Nous osons penser que notre amitié avec Wolfgang passe les limites de l'espace et du temps.

Bruno Bérard
France, 3 XI 2024

*

Le professeur Smith et ses écrits ont fait partie intégrante de ma formation en tant que scientifique à l'esprit religieux. J'ai compris comment on pouvait contextualiser les résultats de la science moderne en s'inspirant des écoles philosophiques de nombreuses grandes figures, et comment on pouvait critiquer la réception de la science moderne à partir de nombreux points de vue.

Ce faisant, il m'a permis d'apprécier pleinement ma carrière en physique. Je ne peux qu'imaginer que lui et son travail ont fait de même pour des générations d'étudiants en plus de moi. Si le Seigneur a dit qu'il n'oublierait pas la récompense de celui qui a donné à ses serviteurs autant qu'un verre d'eau,

---

[2] Paris : L'Harmattan, 2018 ; édition simultanée en anglais : *Rediscovering the Integral Cosmos, Physics, Metaphysics, and Vertical Causality*, Angelico Press, Brooklyn, 2018.

il ne peut certainement pas oublier de bénir celui qui a tant donné.

Que Dieu le bénisse

Olumakinde Ogunnaike
USA, 18 I 2025

⁂

L'un des grands honneurs de ma vie aura été de connaître le professeur Wolfgang Smith. Mon voyage à la découverte de ses idées extraordinaires a commencé après avoir entendu un podcast sur son travail remarquable, avec feu Richard DeLano. En l'écoutant, j'ai été instantanément captivé, non seulement par la résolution magistrale du problème de la mesure quantique réalisée par Smith, mais aussi par l'ampleur des sujets qu'il a abordés tout au long de sa carrière. Dans le climat universitaire actuel, il est pratiquement impossible de trouver une personne ayant apporté une contribution significative à des domaines aussi divers que les mathématiques, la physique, la philosophie et la théologie. Pourtant, c'est précisément ce qu'a fait Wolfgang Smith !

À l'âge de 14 ans seulement, Smith a lu le livre de A.N. Whitehead intitulé *Science and The Modern World*, un ouvrage qui l'a profondément influencé et qui a jeté les bases de son futur travail en philosophie. Smith a connu une illustre carrière de mathématicien et de physicien, démontrant des théorèmes de géométrie différentielle, mais c'est sans aucun doute pour son travail de philosophe des sciences que l'on se souviendra le plus de lui. À travers une série d'ouvrages novateurs, à commencer par *Cosmos & Transcendence*, Smith a démontré comment les anciennes traditions philosophiques non seulement s'appliquent à la physique, mais également résolvent certaines de ses questions les plus fondamentales. Avec le temps, je pense que Wolfgang Smith sera célébré comme le visionnaire qui a transformé à jamais la compréhension du cosmos par l'humanité. Puissent les écrits de ce livre honorer son héritage.

John Taylor
Royaume-Uni, 24 IV 2024

⁂

Les quêtes de toute une vie chez certaines personnes – les questions qu'elles se posent, les idées auxquelles elles accordent de la valeur, les pensées qu'elles trouvent significatives et vraies, ainsi que leurs cheminements spirituels – présentent des similitudes frappantes. Je pense que c'est pour cette raison que j'en suis venu à aimer et à admirer le professeur Wolfgang Smith, que j'ai d'abord découvert à travers ses livres, et qu'ensuite j'ai eu le privilège de côtoyer, même de loin, à travers des échanges écrits et oraux.

Pour ceux qui ne se contentent pas d'admirer les merveilles technologiques et matérielles de la science moderne, mais qui sont plutôt attirés par ses implications intellectuelles et spirituelles, et qui, en même temps, se sentent poussés à comparer les développements vertigineux des derniers siècles avec les traditions historiques, culturelles, philosophiques et religieuses de la civilisation dans laquelle ils sont nés, afin de construire une vision cohérente du monde, la situation est probablement la même.

Smith a été l'un des piliers fondamentaux dont les pensées et les explications ont apaisé mon âme concernant le conflit entre religion et science que je ressentais depuis l'enfance et que je m'efforçais de résoudre de manière satisfaisante. Plus précisément, il a composé les réponses fondamentales des traditionalistes de la stature de Guénon, Schuon et Nasr avec des questions telles que : Qu'est-ce que la science moderne, que signifie-t-elle, qu'implique-t-elle et dans quelle mesure est-elle fiable ? – en particulier dans le contexte de la physique. À mon avis, ce que Smith a accompli en physique à travers ses ouvrages *The Quantum Enigma* et *The Wisdom of Ancient Cosmology* est comparable à ce que Guénon a fait pour les mathématiques dans son ouvrage *Les principes métaphysiques du calcul infinitésimal*. Je crois fermement que la valeur de cette contribution exceptionnelle, aux yeux de Dieu, est inestimable.

Je considère qu'il est de mon devoir d'exprimer une fois de plus, à cette occasion, ma gratitude et ma profonde reconnaissance à son égard, et je prie pour que Dieu nous réunisse dans l'au-delà parmi ceux qu'Il aime.

Ali Sebetci
États-Unis, 16 IV 2025

⁂

Wolfgang Smith a joué un rôle important dans mon parcours spirituel. Les penseurs de la tradition de la *sophia perennis*, notamment Frithjof Schuon et René Guénon, m'ont permis de percevoir les erreurs de mon époque (et les miennes), me préparant ainsi à embrasser la foi catholique. Cependant, il a été le premier auteur spécifiquement catholique que j'ai découvert écrivant dans cette tradition. *Cosmos and Transcendence: Breaking Through the Barrier of Scientistic Belief* (Cosmos et Transcendance, franchir l'obstacle de la croyance scientiste) a contribué au développement de cette tradition en établissant une distinction fondamentale entre science et scientisme, c'est-à-dire en démêlant la confusion entre science exacte et fausse philosophie des sciences. En réfutant le cartésianisme et en dénonçant le rejet a priori de la causalité non soumise au temps, caractéristique de l'évolutionnisme, il m'a fait prendre conscience que l'épistémologie contemporaine dominante ne voyait le monde que sous son aspect utilitaire et ne le considérait pas du tout comme révélant (selon les termes de saint Paul) « les choses invisibles » de Dieu. Associée aux réflexions du philosophe catholique français Jean Borella, sa pensée m'a ouvert une nouvelle façon de voir les choses, essentiellement contemplative. C'est de là qu'est né mon propre livre, *The Meaning of Blue: Recovering a Contemplative Spirit.*

Ce dernier fut publié par Angelico Press, que j'ai eu le plaisir de découvrir à ses débuts, précisément comme dépositaire des autres livres de Wolfgang Smith. Bien que ses ouvrages soient désormais publiés ailleurs, leur prédominance parmi les premiers titres de cet éditeur a été un heureux signal de ce qui allait émaner de cette source de profonde pensée traditionnelle. Le don particulier que son œuvre représente pour la vie intellectuelle des croyants réside dans les rapports qu'elle établit : Wolfgang Smith était à la fois physicien et métaphysicien, capable de montrer la congruence entre la physique moderne et la métaphysique traditionnelle, une fois abandonnés une philosophie des sciences fallacieuse et les préjugés contre la causalité verticale. Cela ressort à l'évidence dans *The Quantum Enigma: Finding the Hidden Key* (« L'énigme quantique : trouver la clé cachée ») et sera développé dans l'ouvrage ultérieur *Physics and Vertical Causation* (« Physique et causalité verticale »), qui a pour objet cette notion magistrale selon laquelle « rien ne peut en fait exister sans être causé « verticalement ». Cela correspond bien sûr à l'enseignement de saint Thomas d'Aquin selon lequel Dieu est entièrement présent dans chaque chose du fait d'en être la cause. La valeur particulière des explications de Wolfgang Smith réside dans le fait qu'il nous libère de l'habitude de considérer ce qu'enseigne la théologie comme dénué de rapport avec la connaissance que nous apporte la science. C'est ce qu'illustre en plus grand détail *The Wisdom of Ancient Cosmology: Contemporary Science in the Light of Tradition*, (Sagesse de la cosmologie ancienne) qui met en évidence l'une des implications du théorème de Bell stipulant que la réalité est non locale. Bien qu'Einstein lui-même n'ait pas accepté cette théorie, c'est précisément (selon Wolfgang Smith) « à la lumière de la relativité einsteinienne que la nature transspatiotemporelle de la non-localité peut être reconnue ». Il s'ensuit qu'au regard de la physique comme aux yeux de la foi, il est tout à fait possible d'accepter qu'un saint (comme Padre Pio, par exemple) puisse se trouver à plus d'un endroit à la fois. Le plus important de tout est de comprendre comment, conformément à cette réalité, l'œuvre rédemptrice du Christ, éternellement présente, transcende la limitation du temps. Nous avons déjà un aperçu de cette transcendance dans la découverte d'Einstein selon laquelle plus une chose se rapproche de la vitesse de la lumière, plus le temps s'écoule lentement par rapport à ce qui ne se déplace pas à cette vitesse. Il est donc tout à fait cohérent de dire que la Lumière du monde elle-même est « la même hier, aujourd'hui et dans l'éternité ». Les difficultés à imaginer comment ce qui s'est produit dans le temps historique a maintenant une présence efficace se dissolvent lorsque l'on comprend que le temps et l'espace ne sont pas, à la différence de ce qu'enseigne la physique, des réalités absolues. La réalité absolue est transcendante.

La capacité qu'a Wolfgang Smith d'établir des rapports est également évidente dans *In Quest of Catholicity.* Cet ouvrage d'un extrême intérêt ne traite de rien de moins que la crédibilité intellectuelle de la foi catholique. Présenter cette foi dans un système étroitement réduit à un temps et un espace ne peut avoir qu'une valeur provisoire. Pour le chercheur sérieux, toute prétention à la vérité doit être en accord avec la sagesse la plus ancienne de l'humanité ainsi qu'avec les connaissances de la science contemporaine. Dans ce dialogue très personnel avec un prêtre dont la préoccupation première est le bien-être des âmes, Wolfgang Smith nous ouvre la possibilité de pénétrer dans la voie de cette sagesse, d'où qu'elle puisse provenir, comme par exemple la tradition indienne — un peu à la manière dont l'Église primitive s'est nourrie de la pensée grecque antique. Une telle ouverture nous relie à ceux qui recherchent, non pas simplement les formulations du passé, mais la vérité salvatrice qui les a inspirées. Les écrits de Wolfgang Smith engagent un dialogue dans lequel les âmes de notre temps peuvent la trouver.

Wolfgang Smith fait remarquer quelque part que, bien que nous entendions parler des saints de notre époque, il est rare qu'ils nous soient présentés comme étant des sages. Dieu n'abandonne jamais son Église, ne refuse jamais sa lumière à l'humanité : néanmoins, notre disposition à recevoir ce qu'il nous donne peut être amoindrie non seulement par la mauvaise volonté, mais aussi du fait d'un esprit verrouillé par une idéologie, que cette rigidité provienne du scientisme ou d'une perspective rappelant celle des bâtisseurs de Babel qui ne pouvaient communiquer parce qu'ils imaginaient que leur idiolecte était la langue unique. Nous avons toutes les raisons d'être profondément reconnaissants à Wolfgang Smith de nous avoir aidés à ouvrir notre esprit à la sagesse sacrée et de nous avoir rendu accessible la perspective d'une sainteté et d'une sagacité marchant, comme autrefois, la main dans la main.

Père Luke Bell
Royaume-Uni, 30 VIII 2025

*

Une rencontre attendue entre science et philosophie[3]

Les problématiques approchées par un scientifique deviennent d'autant plus passionnantes quand elles touchent la philosophie. C'est le cas du beau livre de Wolfgang Smith *Science, scientisme et religion* qui nous introduit à une question sans doute impensée aujourd'hui : le monde, la vision que nous en avons est-elle fondée sur les « faits indiscutables de la science » ? Si l'on réduit la réalité à la physique ou au

[3] À propos de Wolfgang Smith, *Science, scientisme et religion*, L'Harmattan, 2024.

mesurable, cela paraît incontestable. Mais précisément, le monde ne se réduit pas à la quantité… ce qui amène l'esprit humain à se demander *qui* définit ce qui est « indiscutable » :

> Tandis que cette vision du monde est réputée fondée sur « les faits indiscutables de la science », c'est cette vision elle-même qui ultimement détermine ce qui est ou n'est pas un fait indiscutable. Au bout du compte, nous sommes tous des métaphysiciens, que nous l'admettions ou non ; il n'est pas sans ironie que ceux qui prétendent mépriser la métaphysique se montrent en général déterminés à justifier la leur. (pp. 58-59)

Distinguer pour les unir les niveaux de réalités

Partant de cette mise en question philosophique de notre vision du monde, retenons de notre physicien et philosophe une idée féconde exprimée sous la forme d'un aphorisme : le mesurable ne peut se mesurer lui-même. Autrement dit il existe une dichotomie fondamentale entre la physique – notamment quantique – et le monde que Smith nomme « corporel » qui ne peut être violé. D'où une question fort à propos : s'il existe un monde observable avec sa chaîne de causalités horizontales, le niveau proprement des phénomènes, qu'en est-il d'une totalité qui précède la fragmentation spatiotemporelle et assure la cohérence des réalités micro et macro physiques ? Qu'est-ce qui explique notamment ce que l'on appelle le principe de non-séparabilité examiné par Niels Bohr et au sujet duquel ce dernier eut un désaccord avec Albert Einstein ?

> C'est cette conception de la « plénitude » – la notion d'une totalité dont le comportement d'ensemble est plus riche que ce qui serait obtenu par la somme des parties — qui demande réflexion… l'ontologie authentique exige une telle « plénitude » et je suis d'avis qu'elle occasionne, et, en un sens explique, le phénomène de non-localité – une action à distance apparemment comme instantanée, pour se produire dans le monde quantique. (p. 108)

Autrement dit, la considération d'une plénitude demande une étape supplémentaire de la part de l'esprit. Si le principe : « un tout (*whole*) qui ne se résume pas à "la somme des parties" ne peut être pleinement décrit en termes quantitatifs » (p. 108) est vrai, alors il est besoin d'un autre niveau de réalité : la physique n'explique pas tout. En utilisant l'expression de « plénitude indivise » (*unbroken wholeness*), Smith plaide pour distinguer le système physique caractérisé par des attributs quantitatifs et l'observateur qui est lui-même doté d'attributs qualitatifs ; de ce fait même, la rencontre des deux plans ontologiques distincts, le physique proprement dit et l'observateur, lui-même corporel, est résultat d'une « actualisation d'un état physique qui constitue en fait une transition de la puissance à l'acte… on parvient ainsi très naturellement à une compréhension ontologique de la mécanique quantique » (p. 111).

Saluons ici une possible et souhaitable rencontre entre la science et la philosophie, avec deux types de causalités distinctes, avec une priorité au niveau ontologique, le tout ayant priorité sur les parties, notamment dans les phénomènes de non-localité observés en physique quantique. Affronter la question de la totalité du monde en tant qu'elle précède la fragmentation spatiotemporelle, capable d'assurer la cohérence de réalités micro et macro physiques, est une prouesse qui relève d'un courageux effort de la pensée. Bref, pour Wolfgang Smith, ce que n'explique pas la science doit laisser ouverte l'idée d'une causation verticale grâce à laquelle des phénomènes quantiques relèvent d'une certaine totalité qui échappe aux mesures d'ordre phénoménal. Comment, en effet, expliquer la *décohérence* que constate le scientifique à l'échelle quantique, laquelle n'affecte pas le domaine macrocosmique ? Réponse « le monde quantique est constitué non de particules, mais de *potentiae*, à mi-chemin entre l'être et le non-être pour citer encore une fois Heisenberg » (p. 49). Ce vocable tente d'expliquer une réalité d'ordre ontologique, et Wolfgang Smith utilise le mot « intrication » qui rend évidente cette intervention verticale ; le philosophe et mathématicien britannique Alfred N. Whitehead utilisait d'ailleurs celle d'« ingression » pour signifier la participation d'entités à un niveau de réalité supérieure :

> C'est en participant aux choses éternelles que surgissent les choses temporelles. Les deux séries sont médiatisées par quelque chose qui combine l'actualisation de ce qui est temporel avec l'intemporalité de ce qui est potentiel. Cette entité finale est l'élément divin du monde.[4]

L'ontologie éclaire la physique

L'ontologie éclaire la physique et ses mystères, même si elle n'explique pas les phénomènes constatés. En tout cas, d'une certaine manière, elle offre le cadre de leurs conditions de possibilité.

L'interaction verticale suscite donc ce qui n'était qu'en puissance, par exemple la position de la particule par rapport à la fonction d'onde ; d'où le vocable *potentiae* qui n'est pas sans rappeler le couple aristotélicien acte/puissance. La démarche a ceci d'original qu'elle en appelle au-delà de la physique à un plan ontologique. Nous sommes bien ici en présence d'une interaction qui, par-delà le rapport entre l'homme et la nature qu'il observe, introduit le plan métaphysique de l'être. Il y est conduit encore une fois par le fait que le cosmos ne peut être décrit exclusivement par la physique. Wolfgang Smith l'exprime à travers l'image d'un cercle divisé en trois domaines : le centre aeviternel où réside toute totalité, la circonférence qui représente le monde corporel, et, entre ces deux extrêmes, un domaine ontologique intermédiaire (pp. 145-146) ; ce domaine intermédiaire évoquerait alors,

---

[4] *Procès et réalité. Essai de cosmologie*, Gallimard, 1995, p. 98.

dans la métaphysique thomiste, le domaine de l'être qui se reçoit lui-même du monde aeviternel et rayonne dans les essences. Pour en rappeler la logique brièvement, l'être ne subsiste pas par lui-même, mais il est le milieu dans lequel toutes choses ont leur place, procédant de l'Être et recevant de lui leur luminosité, ce qui est une autre manière d'appliquer le principe de Thomas d'Aquin : l'Être accepte d'être « finitisé, d'être "reçu, limité et circonscrit" dans l'essence de la créature finie » selon les mots d'un thomiste reconnu (David Schindler, *La métaphysique de Ferdinand Ulrich*, p. 55).

Là encore, Alfred N. Whitehead affine et corrobore cette vision à la fois physique et philosophique, quand il complète le sens de l'« ingression » comme ce qui « désigne le mode particulier selon lequel la potentialité d'un objet *éternel* se réalise en une entité actuelle particulière, contribuant au caractère défini de cette entité actuelle » (*ibid.*, p. 75).

Merci à Wolfgang Smith de permettre à ses lecteurs intéressés par la science d'en revenir à l'être. C'est la possibilité de réfléchir la dualité surprenante des phénomènes contradictoires de telle manière que la pensée de l'être, d'ordre qualitatif, assume des réalités que la science ne parvient pas à élucider dans son ordre quantitatif.

P. Richard Escudier
France, 14 IX 2025

Première partie

Éléments personnels

Chapitre I

Éléments biographiques significatifs

Les éléments ici rassemblés sont succincts, provenant pour l'essentiel des souvenirs récemment publiés par Wolfgang Smith,[5] *ainsi que de communications privées de ses proches en amitié. Certes, les biographies plus exhaustives sont précieuses pour mieux pénétrer les pensées d'un auteur ; toutefois, les éléments ici présentés, essentiels, couvrent bien les champs explorés par Wolfgang Smith durant sa longue carrière et, surtout, l'esprit qui sous-tend toute son œuvre.*

Vers une carrière en mathématique

Wolfgang Smith, né en 1930 en Autriche, a émigré aux États-Unis avec sa famille pendant son enfance, juste après le déclenchement de la Seconde Guerre mondiale. Il est doté d'une intelligence exceptionnelle et d'une curiosité intellectuelle insatiable, mais, surtout, il sera un penseur *intégral*, avec une rare double compétence en « sciences dures » – mathématique et physique théorique – et en métaphysique…

Si on commence par la science, il cumule rapidement des licences en mathématiques, physique et philosophie (université Cornell), un master en physique théorique (Purdue) et un doctorat en mathématiques (Columbia). Parallèlement, il réalise une expérience de l'aérodynamique dans l'industrie, chez Bell Aircraft corp., avec une contribution à la mise au point des procédures de rentrée dans l'atmosphère des navettes spatiales, en jouant sur la porosité des matériaux de l'enveloppe

[5] *Vedanta in Light of Christian Wisdom*, Philos-Sophia Initiative Foundation, 2022. Non traduit.

des vaisseaux, de façon à mieux évacuer les chaleurs intenses. Brillante idée !

Toutefois, sa carrière aura été essentiellement universitaire, jusqu'à sa retraite en 1992, comme professeur de mathématique au MIT (*Massachusetts Institute of Technology*), à l'UCLA (*University of California, Los Angeles*) et à l'OSU (*Oregon State University*), marquée par des recherches en géométrie et topologie différentielles, dont les résultats ont été régulièrement publiés[6].

Il faut préciser que les mathématiques furent initialement le seul choix qui lui restait, en termes de discipline universitaire et d'« activité professionnelle », mais qu'il ne l'a jamais regretté. « Seul choix », car, à l'université de Cornell, il fut profondément déçu par la philosophie analytique. Il résume cette déception par la réponse de Max Black (1908-1988)[7] à sa remarque sur un état yogique dans lequel est dépassée la séparation entre l'homme et Dieu : « Je ne nie pas que cela puisse être une expérience grandiose, mais cela ne peut rien avoir à faire avec la vérité »[8]. Une même déception concernera la physique, lorsque, à Purdue cette fois, il découvre, à l'occasion de son master en physique théorique que la physique elle-même est devenue *purement* analytique.

Il a exprimé à de nombreuses reprises sa chance d'avoir conçu sa propre théorie mathématique des submersions[9], ce

---

[6] Par la fameuse American Mathematical Society, aussi bien dans son *Bulletin trimestriel*, qui existe depuis 1891 que dans ses *Transactions*, la revue mensuelle qui existe depuis 1900, et dans des revues comme les *Proceedings of the National Academy of Sciences*, l'*American Journal of Mathematics*, le *Tohoku Mathematical Journal* de l'Université du Tōhoku au Japon et le *Pacific Journal of Mathematics*.

[7] Philosophe des sciences et du langage, Black est considéré comme un pilier de la philosophie analytique américaine.

[8] *Vedanta… op. cit.*, pp. 1-3 ; nous traduisons.

[9] En topologie différentielle, une submersion ou application submersive entre deux variétés différentielles est une application différentiable dont la

qui lui a permis de coexister avec ses collègues au sein du monde universitaire[10], sans avoir à faire face à des polémiques.

Métaphysique : du vedānta au christianisme

Avec « l'état yogique » susmentionné, on quitte les « sciences modernes » pour la métaphysique. C'est, bien avant son voyage-pèlerinage en Inde, qu'il fut marqué par la lecture du premier poème de la collection *Gitanjali / Song Offering* (1912)[11], composé par le prix Nobel de littérature Rabindranath Tagore (1861-1941) :

> Thou hast made me endless, such is thy pleasure.
> [...] At the immortal touch of thy hands my little heart loses its limits in joy and gives birth to utterance ineffable.

> Tu m'as fait infini, tel est ton plaisir.
> [...] À l'immortel toucher de tes mains, mon cœur joyeux échappe à ses limites et se répand en ineffables épanchements.

Il ne s'est bien sûr pas arrêté là ! En parallèle à ses études, Wolfgang découvre Rāmakrishna, et prend contact avec la Mission Rāmakrishna fondée par swami Vivekananda (désigné comme son successeur par Rāmakrishna). Il a 18 ans et fréquente les réunions de la Vedanta Society à New York, sous la tutelle de swami Nikhilananda (1895-1973). Dès lors, il se met à « voir le monde à travers des yeux védiques »[12], fort de la conviction qu'il y a une connaissance ultime, une « connaissance par laquelle toute chose est connue », comme l'indique un passage des *Veda*[13].

---

différentielle est en tout point surjective.

[10] Samuel Bendeck Sotillos, communication privée.

[11] En français *L'Offrande lyrique*, NRF, 2014, trad. de l'anglais par André Gide.

[12] *Vedanta... op. cit.*, p. 2.

[13] Ensemble des textes révélés au *Rishi* et répartis en quatre opus : *Rig-Veda* (v. 1500-1200 av. J.-C.) et *Yajur-Veda*, *Sama-Veda*, puis *Atharva-Veda* (1200-900).

Son doctorat en poche, en 1960, il abandonne le MIT pour aller passer sept mois de « privilégié » au milieu de moines, les *sādhus*, notamment Śrī Ānandamayī Mā (1896-1982), l'une des grandes figures spirituelles du XXe siècle, les approchant avec une « profonde révérence » et recevant d'eux des « présents spirituels » inoubliables[14]. Toutefois, dès cette époque, Wolfgang Smith comprend que voir le christianisme avec les yeux du Véda, introduit un biais dans l'analyse, tend à réduire le christianisme à un niveau « plus ou moins exotérique » et, surtout, conduit à confondre indûment ce qu'il dénommera l'option nirvānique du Vedānta et le salut chrétien. C'était la moitié du chemin.

C'est un mariage relativement tardif avec Thea[15], une jeune femme « profondément chrétienne », qui fut l'un des déclencheurs qui poussèrent Wolfgang Smith à effectuer l'autre moitié du chemin. Épousée après qu'elle eut obtenu son doctorat de mathématique à l'université où Wolfgang Smith enseignait, Thea fut une femme extraordinaire (que j'ai eu la joie de rencontrer), très talentueuse, également musicienne, danseuse et chanteuse. Elle fut l'influence première du retour de Wolfgang « à ses racines chrétiennes ». À quoi il faut ajouter les deux lectures clefs qu'il a lui-même mentionnées : une biographie de Ste Catherine de Sienne et les *Homélies sur l'Évangile de saint Jean* de S. Augustin. Il ne faut pas manquer de signaler, de plus, une visite rendue au Padre Pio (1887-1968) à San Giovanni Rotondo, qu'il considérait comme l'un des plus grands saints modernes de l'Église catholique, par lequel il s'est senti béni, et le privilège de participer à une audience publique du pape Pie XII (1876-1958) à Rome.

---

[14] *Vedanta… op. cit.*, p. 4 et Samuel Bendeck Sotillos, communication privée.

[15] Dorothy Marguerite Smith, née en 1926 et décédée à l'âge de 90 ans le 21 juin 2017.

Pourtant, c'est seulement quelques soixante années après son voyage « initiatique » en Inde que Wolfgang va clore cette question entre le vedānta et le christianisme. Il renonce au piège dans lequel, écrit-il, un Henri Le Saux (1910-1973) ou un Frithjof Schuon (1907-1998) sont tombés[16] : identifier purement et simplement *nirvāna* et salut – et abandonne les deux voies consistant à observer chacune des religions avec les yeux de l'autre.

Ce qui permet une telle démarche, regarder sans point de vue, observer sans point d'observation, Wolfgang le tire d'une exégèse métaphysique de Maître Eckhart, « un coup de maître », « un yoga chrétien », écrit-il[17]. Dès lors, la dichotomie védantique *ātma-māyā* se dissipe dans la Trinité et l'Incarnation. Le salut, différent du *nirvāna*, est le fruit de la médiation du Verbe incarné.

Fort de sa compréhension intime du christianisme, Wolfgang Smith sera en mesure de critiquer soigneusement l'évolutionnisme théiste de Teilhard de Chardin[18] (1988), d'exposer ce qu'est la gnose chrétienne[19] (2009), d'éditer deux ans de correspondance avec le Père Malachi Martin (1921-1999)[20] (2016) et, finalement, de distinguer le christianisme du pérennialisme[21] (2022).

---

[16] *Vedanta… op. cit.*, cha. 2. From Benedictine to *Sādhu*: the case of Henri Le Saux et ch. 4. Breaking the *Ātma-Māyā* Dichotomy.

[17] *Vedanta… op. cit.*, pp. 5, 8, 35…

[18] *Teilhardism and the new religion. A Thorough Analysis of the Teachings of Pierre Teilhard de Chardin* (Tan Book, 1988), rééd. *Theistic Evolution: The Teilhardian Heresy* (Angelico Press, 2012, PSIF, 2023), traduit par Marie-José Jolivet : *L'évolutionnisme théiste de Teilhard de Chardin*, L'Harmattan, collection *Théôria*, 2023.

[19] *Christian Gnosis: From Saint Paul to Meister Eckhart*, Angelico Press, 2009.

[20] *In Quest of Catholicity: Malachi Martin Responds to Wolfgang Smith*, Angelico Press, 2016, PSIF (Philos-Sophia Initiative Foundation), 2e edition, 2024.

[21] *Vedanta… op. cit.*,

De la métaphysique appliquée à la physique

Certes, il n'y a pas que cette métaphysique religieuse – fût-elle ultime –, car Wolfgang va se passionner très tôt pour la physique et, à travers les philosophies platonicienne et néoplatonicienne, pour la philosophie des sciences. C'est huit années avant sa retraite qu'il commence son œuvre avec un premier livre de cosmologie intégrale (1984)[22]. Au fil des ans, il aura opposé aux limites auxquelles la science contemporaine s'est soumise une science supérieure, dans laquelle l'homme est *in fine* à la fois l'observateur et l'instrument scientifique. Comme on le lit : l'homme

> devient lui-même en quelque sorte le « microscope » ou « télescope » par lequel il est capable de percevoir les étendues invisibles du cosmos intégral.[23]

Et cette métaphysique – un réalisme ontologique traditionnel –, il l'aura progressivement appliquée à la physique quantique, à la cosmologie, à la perception visuelle, à l'évolutionnisme. Pour y parvenir, il convenait d'explorer et de critiquer les fondements philosophiques de la science contemporaine, à l'origine du réductionnisme scientifique ou du scientisme[24], afin d'offrir une vision intégrative de la réalité, réconciliant les perspectives scientifiques et spirituelles. Faut-il préciser que pour Wolfgang Smith, il ne s'agit jamais de « rejeter un iota de la science légitime », il faut simplement la purifier d'une épistémè éphémère et indue et la désimbriquer des scientismes réducteurs et castrateurs… Il s'agit bien, pour lui, de rendre à la science sa liberté et sa noblesse.

---

[22] *Cosmos & Transcendence: Breaking Through the Barrier of Scientistic Belief* (Sherwood Sugden, 1984 ; Angelico Press, 2008; PSIF, 2022).

[23] Site de la *Philos-Sophia Initiative Foundation*, https://philos-sophia.org /wolfgangsmith/.

[24] Par exemple *Ancient Wisdom and Modern Misconceptions: A Critique of Contemporary Scientism* (Angelico Press, 2013; PSIF, 2023)

De 1999 à 2008, Wolfgang Smith sera prolixe en articles (14) régulièrement publiés par *Sophia, The Journal of Traditional Studies* (Oakton/VA, USA), qu'il s'agisse de la matière, de cosmologie, de la perception visuelle, ou d'approches liées à la science (mythes, ésotérisme, kabbale, gnose...)[25]. Ce sont ces articles, parfois accommodés, ainsi que le texte d'une conférence publié dans *The Thomist* 63 (1999), dont les traductions auront constitué *Sagesse de la cosmologie ancienne. Les cosmologies traditionnelles face à la science contemporaine* (*Théôria*, L'Harmattan, 2008, avec une préface de Jean Borella), édité ensuite en retour aux États-Unis : *The Wisdom of Ancient Cosmology : Contemporary Science in Light of Tradition* (Foundation for Traditional Studies, 2009, préface incluse).

Dans les années 2010, il faut signaler une *Réponse à Stephen Hawking : de la physique à la science-fiction*[26], dont le sous-titre parle de lui-même, et, coécrit avec Jean Borella, *Physique et métaphysique*[27], réunissant un métaphysicien diplômé en physique et un physicien devenu métaphysicien.

En dépit de la grande douleur occasionnée par la perte de son épouse, de difficultés de santé (de type cardiaque) et d'accidents conduisant à des hospitalisations, Wolfgang sera allé jusqu'au bout de ce qu'il devait écrire. « Lorsque nous naissons, nous avons un destin, une voie que nous sommes censés suivre ; nous sommes libres de nous y conformer ou non. Mon intérêt pour la physique et les mathématiques a donné ce que j'étais censé faire. Suivre ce chemin, tel que Dieu me l'avait

---

[25] On trouvera les résumés en français de plusieurs articles de Wolfgang Smith sur metafysikos.com.

[26] L'Harmattan, coll. Métaphysique au quotidien, 2013, Préface de Jean-Jacques Flammang, traduit de l'original anglais : *Science & Myth: With a Response to Stephen Hawking's The Grand Design*, Angelico Press, 2012).

[27] L'Harmattan, Métaphysique au quotidien, 2018, Introduction de Bruno Bérard, traduit en anglais sous le titre *Rediscovering the Integral Cosmos: Physics, Metaphysics, and Vertical Causality*, Angelico Press, 2018).

confié, aura été plus beau que tout ce que l'on peut imaginer [... ma tâche était « d'accomplir mon destin », a-t-il confié à son ami, Samuel Bendeck Sotillos.

Ainsi a-t-il créé une fondation, la *Philos-Sophia Initiative Foundation* (PSIF), dont la mission affichée n'est rien de moins que « promouvoir la restitution d'une philosophie authentique, basée sur la résolution ontologique du problème de la réalité quantique »... « *Ad majorem Dei gloriam* » ; et de publier trois derniers livres :

- *Physics and Vertical Causation. The End of Quantum Reality* (Angelico Press, 2018, PSIF, 2023) qui conclut, à trente ans de distance, les premiers travaux de 1995 sur l'« énigme quantique » : *The Quantum Enigma: Finding the Hidden Key* (Open Court Pub Co, 1995 ; Angelico Press, 2005 ; PSIF, 2023),
- *The Vertical Ascent. From Particles to the Tripartite Cosmos and Beyond* (2021), traduit en français sous le titre de *Science, scientisme et religion, Des particules au cosmos tripartite et au-delà* (*Théôria*, L'Harmattan, 2024) ;
- et *Physics: A Science in Quest of an Ontology* (2023)[28].

Sans doute faut-il mentionner deux inédits, que l'auteur nous a confiés : "*Platonist Cosmology: The Long Lost Key*" (« Cosmologie platoniste : la clef depuis longtemps perdue » et "*On Being and Consciousness*" (« Être et conscience »), les tout derniers originaux de Wolfgang.

Juste avant Noël 2023, après une mauvaise chute, Wolfgang Smith a dû être admis en soins palliatifs dans une maison spécialisée de Camarillo, sa ville de résidence au nord de Los Angeles, d'où il est né au Ciel le 19 juillet 2024. Il aurait souhaité, lui qui aura vécu durant des décennies une vie de prière

[28] « La physique, une science en quête d'une ontologie », à paraître dans *Théôria*, L'Harmattan, 2025.

et de contemplation et n'a jamais manqué de placer sa confiance en Dieu, qu'on se souvienne de lui « en tant que chrétien croyant », a-t-il confié à un ami.[29]

Pour sa pierre tombale, Wolfgang a choisi l'inscription suivante : *Deus Caritas Est* (« Dieu est amour »[30]), « car toutes les choses sont englobées dans la miséricorde divine, disait-il, insistant sur le fait que l'*amour* n'est pas une simple notion sentimentale, mais un mode de vie »[31].

Ajoutons, en termes de postérité, l'annonce qui vient d'être faite par le professeur Anthony McClaran, vice-chancelier de l'université St Mary's de Twickenham : la création de la chaire Wolfgang Smith en philosophie, le Dr Sebastian Morello étant en charge. Il s'agira « d'explorer les intersections entre la science, la métaphysique classique et la tradition intellectuelle chrétienne », en particulier « dans les domaines clés auxquels Smith lui-même a contribué, en mettant l'accent sur les domaines où des travaux fructueux restent à accomplir. »[32]

Bruno Bérard

---

[29] Samuel Bendeck Sotillos.

[30] Cf. « Dieu est amour ; et celui qui demeure dans l'amour demeure en Dieu, et Dieu en lui » (1 Jn IV, 16).

[31] Cf. *infra* Samuel Bendeck Sotillos, « Une rencontre avec Wolfgang Smith ».

[32] « New Wolfgang Smith Chair in Philosophy established at St Mary's University », stmarys.ac.uk/news/2025.

CHAPITRE II

BIBLIOGRAPHIE ESSENTIELLE

Nous ne reprenons pas ici les articles scientifiques publiés par Wolfgang dès 1959 *dans des revues de mathématique, parce qu'elles sont aisément disponibles en ligne et, surtout, parce que c'est ce qui déborde de la science* stricto sensu *qui nous intéresse ici. On va le voir, il y a déjà assez à faire avec les articles et les ouvrages publiés.*

Pour mémoire, les recherches mathématiques de Wolfgang en géométrie différentielle et topologie algébrique et différentielle ont été publiées par la fameuse *American Mathematical Society*, aussi bien dans son *Bulletin* trimestriel qui existe depuis 1891 que dans ses *Transactions*, la revue mensuelle qui existe depuis 1900. Et on relève également des revues comme les *Proceedings of the National Academy of Sciences*, l'*American Journal of Mathematics*, le *Tohoku Mathematical Journal* de l'université du Tōhoku au Japon et le *Pacific Journal of Mathematics*. Avec des dates de publications qui s'étalent de 1959 à 1980, on peut dire qu'elles auront accompagné les travaux mathématiques du Pr Smith presque jusqu'à sa retraite en 1992.

Et si ces publications s'arrêtent en 1980, c'est parce que Wolfgang s'est tourné vers la cosmologie et la religion et, en point de mire, la défense des deux, face à un scientisme envahissant et délétère. Ainsi publie-t-il deux livres dans cette décennie 80 :

- « Cosmos et transcendance : Franchir la barrière de la croyance scientiste » (*Cosmos and Transcendence: Breaking*

Through the Barrier of Scientistic Belief, Sherwood Sugden & Company, 1984) dont une traduction française devrait paraître en 2026[33] et
- « Teilhardisme et la nouvelle religion » (*Teilhardism and the New Religion*, Tan Books & Publishers, 1988), qui sera mis à jour et republié sous le titre « L'évolution théiste : L'hérésie teilhardienne » (*Theistic Evolution: The Teilhardian Heresy*, Angelico Press, 2012) et dont vient de paraître une traduction française : « L'évolutionnisme théiste de Teilhard de Chardin » (coll. *Théôria*, L'Harmattan, 2023).

Dans les années 90, au début de sa retraite, on trouve essentiellement son fameux *The Quantum Enigma. Finding the hidden key* (L'énigme des quanta. Retrouver la clef cachée), qui paraît chez Sherwood Sugden & Company, en 1995 et qui, avec une préface de Seyyed Hossein Nasr sera réédité chez Sophia Perennis en 2005.

Les années 2000 vont être extrêmement productives. On y trouve ses articles de fond publiés en grande partie par *Sophia, The Journal of Traditional Studies* ainsi que deux ouvrages qui se partagent entre la lutte contre le scientisme et la compréhension du christianisme :

- « Sagesse de la cosmologie ancienne : La science contemporaine à la lumière de la tradition » (*The Wisdom of Ancient Cosmology: Contemporary Science in Light of Tradition*, Suhail Academy Lahore, puis Foundation for Traditional Studies (2003, 2009), réédité sous le titre « Sagesse ancienne et idées fausses modernes : Une critique du scientisme contemporain » (*Ancient Wisdom and Modern Misconceptions: A Critique of Contemporary Scientism* (Angelico Press, 2004)

[33] Trad. Marie-José Jolivet, coll. *Théôria*, L'Harmattan.

- « La gnose chrétienne : de saint Paul à Maître Eckhart » (*Christian Gnosis: From Saint Paul to Meister Eckhart*, Angelico Press, 2008).

Les articles de Wolfgang, typiquement, se partagent entre la science contemporaine revisitée à la lumière des sagesses traditionnelles (science) et des sujets plus spécifiquement théologiques (théologie), auxquels on ajoutera quelques articles spécifiques à propos de personnes ou de livres (*varia*) :

Science

« Celestial Corporeality » (Corporéité céleste)	*Sophia* v. 5	1999
« The Extrapolated Universe » (L'univers extrapolé)	*Sophia* v.6	2000
« Eddington and the Primacy of the Corporeal » (Eddington et la primauté du corporel)	*Sophia* v.6	2000
« Science and Myth: the Hidden Connection » (Science et mythe : le lien caché)	*Sophia* v.7	2001
« *Sophia Perennis* and modern science » (Sophia perennis et science moderne)	*TPHN*[34]	2001
« The Pitfall of Astrophysical Cosmology » (L'écueil de la cosmologie astrophysique)	*Sophia* v.7	2001
« Esoterism and Cosmology: From Ptolemy to Dante and Cusanus » (Ésotérisme et cosmologie : de Ptolémée à Dante et au Cusain)	*Sophia* v.8	2002
« Modern Science and Guénonian Critique » (Science moderne et critique guénonienne)	*Sophia* v.9	2003
« The Enigma of Visual Perception » (L'énigme de la perception visuelle)	*Sophia* v.10	2004

[34] *The Philosophy of Seyyed Hossein Nasr*, Open Court, 2001.

« Neurons and Mind » (Les neurones et l'esprit)	*Sophia* v.10	2004
Théologie		
« Cosmology in the Face of Gnosis » (La cosmologie face à la gnose)	*Sophia* v.12	2006
« Transcending the *creatio ex nihilo*: The Kabbalistic Exegesis » (Transcender la creatio ex nihilo : l'exégèse kabbalistique)	*Sophia* v.13, 1	2007
« The Wisdom of Christian Kabbalah » (La sagesse de la Kabbale chrétienne)	*Sophia* v.13, 2	2008
Varia		
« Review of Journeys East, by Harry Oldmeadow »	*Sophia* v.11	2005
« Rama P. Coomaraswamy 1929–2006: In Memoriam »	*Sophia* v.12	2006
« From Schrödinger's Cat to Thomist Ontology »	*The Thomist 63*	1999

Les années 2000 voient également une première publication en français, en 2008 : *Sagesse de la cosmologie ancienne : les cosmologies traditionnelles face à la science contemporaine* (coll. *Théôria*, Paris : L'Harmattan), avec une préface de Jean Borella.

2008 est en effet une date importante. C'est ici le fait de Pierre-Marie Sigaud, qui, dirigeant la collection *Théôria* chez L'Harmattan et ayant repéré les articles de Wolfgang dans *Sophia*, lui a proposé de réunir quatorze articles et d'en faire cette première édition en français de ses travaux.

À partir de 2012, c'est une dizaine d'années de publications importantes et qui soldent désormais la production du Professeur Smith :

- *Science & Myth: With a Response to Stephen Hawking's* The Grand Design (« Science et mythe : avec une réponse au grand dessein de Stephen Hawking »), 2012 ; paru, l'année suivante en français sous le titre *Réponse à Stephen Hawking. De la physique à la science-fiction*[35] (2013) ;

- *In Quest of Catholicity: Malachi Martin Responds to Wolfgang Smith* (« En quête de la catholicité : Malachi Martin répond à Wolfgang Smith »), 2016 ;
- *Physique et métaphysique*[36] et, simultanément aux États-Unis, *Rediscovering the Integral Cosmos ; Physics, Metaphysics & Vertical Causality* (« Redécouvrir le cosmos intégral ; physique, métaphysique et causalité verticale »), Angelico Press, 2018 ;
- *Physics and Vertical Causation: The End of Quantum Reality*, Angelico Press, 2019 ;
- *The Vertical Ascent: From Particles to the Tripartite Cosmos and Beyond* (« L'ascension verticale : Des particules au cosmos tripartite et au-delà »), Angelico Press, 2021[37] ;
- *Vedanta in Light of Christian Wisdom* (« Le Vedanta à la lumière de la sagesse chrétienne »), Philos-Sophia Initiative Foundation, 2022 ;
- *Physics: A Science in Quest of an Ontology* (« La physique : Une science en quête d'une ontologie »), Philos-Sophia Initiative Foundation, 2023.

Ces deux derniers ouvrages sont publiés par la fondation créée par Wolfgang Smith avec l'aide de son ami Rick DeLano[38] ; fondation qui dispose d'un site internet depuis 2018 : https://philos-sophia.org/.

---

[35] Coll. Métaphysique au quotidien, avec une préface de Jean-Jacques Flammang et la traduction de Ghislain Chetan.

[36] Coll. Métaphysique au quotidien, traduction de Ghislain Chetan, préface de Bruno Bérard, L'Harmattan, 2018.

[37] Traduction française de Marie-José Jolivet : *Science, scientisme et religion. Des particules au cosmos tripartite et au-delà*, coll. *Théôria*, L'Harmattan, 2024.

[38] Rick DeLano, aujourd'hui décédé, fut scénariste et producteur, connu pour le film controversé *The Principle*, 2014 et *The End of Quantum Reality* (« La fin de la réalité quantique »), 2020.

Depuis fin 2023 – Wolfgang s'en réjouissait peu avant Noël –, sa fondation a repris l'édition de l'ensemble de ses titres publiés, avec un design homogénéisé. À noter que le dernier titre est désormais complété par une troisième partie de deux chapitres importants : "Platonist Cosmology: The Long Lost Key" (« Cosmologie platonicienne : la clef depuis longtemps perdue » et "On Being and Consciousness" (« Être et conscience »), les tout derniers inédits de Wolfgang.

Quel fut l'objet de cette fondation ?

L'objectif, tel que le voyait Wolfgang, était d'« avoir un impact sur notre civilisation », pas moins, *a minima* dans la partie scientifique, en aidant à « retrouver l'aspect "vertical" de la réalité cosmique », en vue d'« une vision globale du monde qui intègre les découvertes fondamentales de la physique dans la sagesse traditionnelle de l'humanité ».

Toutefois, Wolfgang a finalement dissous sa fondation au troisième trimestre 2023, se contentant de savoir que ses livres resteraient disponibles.

Deuxième partie

Physique et métaphysique

Materia

CHAPITRE III

DE LA MÉTAPHYSIQUE EN PHYSIQUE

La physique, c'est de haut en bas

L'une des preuves de l'existence de Dieu que nous a données le très fiable S. Thomas d'Aquin est l'argument des chaînes causales essentielles. Cette preuve a de profondes implications pour la physique.

L'exemple classique est celui d'un homme qui utilise un bâton pour déplacer une pierre. Le mouvement de la pierre est causé par le bâton. Le mouvement du bâton est causé par la main et le bras. Mais à l'intérieur de la main et du bras se trouvent des muscles, qui sont mus par des cellules individuelles. Les cellules sont « mues », autrement dit « modifiées », par les substances chimiques qu'elles contiennent. Les substances chimiques contenues dans les cellules sont modifiées ou déplacées par les protons, les neutrons et les électrons qui les constituent. Ces particules sont elles-mêmes mues par des quarks. Les quarks sont, selon certains, déplacés par des cordes. Il est possible que les cordes soient déplacées par un élément qui les sous-tende.

Et ainsi de suite. Mais pas *ad vitam eternam*.

Cette chaîne *simultanée* de causes essentielles doit s'arrêter quelque part. Elle ne peut s'étendre à l'infini, sinon aucun mouvement ne serait jamais amorcé. Il doit y avoir une *cause première* à la base de cette chaîne. Sans entrer (à nouveau) dans les détails, il s'avère que cette cause première doit être la même dans *tout changement*. Et, de l'avis général, cette cause première s'appelle Dieu.

Gardons cela à l'esprit et rappelons ensuite un compte rendu d'une expérience EPR. Deux photons intriqués sont libérés, l'un se dirigeant vers le nord et l'autre vers le sud. Selon la théorie quantique, ni l'un ni l'autre de ces photons ne possède un unique état de polarisation, mais chacun possède toutes les polarisations possibles, représentées par sa fonction d'onde. Finalement, le photon lancé vers le nord subit une interaction, est soumis à une « mesure », qui provoque l'« effondrement » de sa fonction d'onde en une polarisation définie. Cette interaction « provoque » la disparition de la fonction d'onde. Elle « incite » – et les commentaires de stupéfaction sont justifiés — le photon se dirigeant vers le sud à prendre *instantanément* la polarisation opposée, quand bien même les photons sont si éloignés l'un de l'autre qu'aucun signal ne pourrait être communiqué entre eux à temps.

Ce fait qui concerne le monde dans sa concrétude dérange beaucoup de gens, car il ne semble pas exister de théorie impliquant des causes essentielles ordinaires et susceptibles de l'expliquer. Bell a même prouvé qu'aucune cause essentielle de ce type ne peut exister, tout au moins si l'on tient compte du principe de localité. Or ce principe est rigoureusement exclu : il n'y a tout simplement aucun moyen pour les photons de communiquer entre eux.

Pas question en tout cas si vous faites intervenir exclusivement ce que Wolfgang Smith appelle la « causalité horizontale », qui est le type de causalité que l'on rencontre habituellement en physique, c'est-à-dire dans le domaine scientifique. Toutefois, si vous tenez compte de la « causalité verticale » — concept métaphysique comme l'est celui de la « causalité essentielle ordinaire », le problème de la communication entre ces photons disparaît.

Smith ne mentionne pas les chaînes causales « horizontales » du type bâton-mouvement-pierre dans son ouvrage *Physics & Vertical Causation : The End of Quantum*

Reality, mais ces chaînes, inhérentes à tout mouvement ou modification partout et toujours, remontent à une unique cause « verticale » omniprésente, comme celle que nous venons de rencontrer, une cause qui est indépendante de l'espace ou du temps, non locale, du fait que, pour ainsi dire, tous les points de l'univers et tous les temps lui sont présents à tout moment.

Les physiciens, du fait de leur métaphysique qui exclut le spirituel, sont incapables de percevoir cette cause dans ce que Smith appelle le « monde corporel ». Si, dans votre activité scientifique, vous ne disposez que d'un seul étalon, alors tout ce qui peut exister sera rapporté à la quantité ou la dimension. Toutes les autres propriétés disparaissent, ou plutôt restent invisibles. Il serait manifestement faux de dire que ces autres propriétés n'ont pas d'existence sous prétexte qu'elles ne peuvent être prises en compte et mesurées avec l'étalon utilisé. Mais c'est l'erreur centrale que le cartésianisme a introduite en physique lorsqu'il a scindé le monde en deux domaines, celui de la *res extensa* et celui de la *res cogitans*.

Le premier, celui de la *res extensa*, est le domaine de l'étalon, le second, *res cogitans*, est le territoire de l'esprit, où se situent toutes les réalités qui ne peuvent être mesurées. En d'autres termes, les propriétés qui sont sans dimensions quantifiables ne se trouvent que dans l'esprit, ou sont des projections de l'esprit, et ne se trouvent pas dans les choses elles-mêmes.

La philosophie opposée est réaliste et rejette ces catégories : c'est le monde corporel de notre expérience qui est réel et tangible, et c'est l'abstraction mathématique des propriétés mesurables ou physiques qui ne l'est pas. En d'autres termes, la science moderne de la physique repose sur l'erreur mortifère de la géométrisation.

La causalité horizontale n'a qu'une portée limitée. Elle explique de façon satisfaisante de nombreux phénomènes mesurables dignes d'intérêt, mais elle ne peut pas tout expliquer. Elle ne peut pas, par exemple, nous expliquer ce que nous sommes, expliquer notre conscience. Aucun étalon, aucune sonde ne pourra jamais exister qui soit capable de mesurer la causalité verticale, mais nous pouvons tout de même prouver qu'elle existe. Ainsi cette pierre n'aurait jamais été déplacée par le bâton si vous ne l'aviez pas d'abord voulu. La volonté agit par causalité verticale.

Nous savons également que les qualités du monde corporel existent, parce que nous en faisons l'expérience, même si elles ne peuvent pas être mesurées. Bien sûr, nous avons rencontré de nombreux exemples de tentatives de quantification de l'inquantifiable — quel est votre degré d'optimisme sur une échelle de -42 003,7 à e^π ? — et nous avons vu comment elles aboutissent toutes à un échec.

Physics & Vertical Causation de Smith est l'aboutissement du travail de toute une vie, chaque chapitre faisant référence à des écrits antérieurs plus développés. Il introduit l'hylémorphisme en en donnant les grandes lignes, mais sans embarrasser son exposé de détails superflus, qui risqueraient de déconcerter les lecteurs inexpérimentés. Il existe de nombreux autres textes qui fournissent des preuves formelles de ces concepts sur son site. Smith donne suffisamment d'éléments pour permettre au lecteur de se familiariser avec le sujet, puis passe à un autre thème.

L'ascension verticale

La physique est bloquée parce qu'elle a négligé ces questions. Depuis que le modèle dit standard s'est répandu dans sa forme acceptable dans les années 1970, il ne s'est pas passé grand-chose de nouveau, ou pas grand-chose de nouveau qui se soit avéré indiscutable. Cela n'a pas freiné le flux d'activités ou d'articles, bien sûr, qui est plus important que jamais. Les universitaires doivent publier ou périr. Mais on se rend compte que quelque chose n'a pas fonctionné. Selon Wolfgang Smith et d'autres, il s'agit d'un point de départ erroné.

Smith a été l'un des premiers à réintroduire la métaphysique classique en physique, comme nous l'indiquons. Même si certains s'obstinent à le nier, toute physique doit fonctionner avec une base métaphysique, une philosophie de la nature, même lorsque cette métaphysique est niée ou cette philosophie non exprimée. La métaphysique classique dont Smith s'est fait le champion refleurit aujourd'hui, et c'est en grande partie grâce à lui.

Il était humble au point d'être timide dans ses efforts. L'expression « Crainte et tremblement », qui bénéficie d'une autorité philosophique incontestable, semble la plus adéquate pour le définir. En effet, ses écrits témoignent d'un profond souci de réconcilier son travail avec le dogme catholique, un ensemble de croyances en accord avec sa philosophie de la nature. C'est ce qu'exprime le mieux le livre *In Quest of Catholicity*, un recueil de correspondance entre Smith et le Frère Malachi Martin. Smith venait de donner la conférence Templeton de 1998 sur le christianisme et les sciences naturelles, « From Schrödinger's Cat to Thomistic Ontology » (« Du chat de Schrödinger à l'ontologie thomiste »), qu'il avait craint que ses collègues ne prennent pas bien.

> Au cours de ma conférence, j'ai senti que l'auditoire était attentif à chaque mot ; il semblait y avoir une certaine « magie » dans l'air, une présence angélique, j'aime à le croire. J'ai senti que quelque chose était transmis et reçu. Les questions qui ont suivi ont été pour la plupart intelligentes et curieuses, jamais antagonistes.

Cette conférence faisait suite à l'ouvrage *The Quantum Enigma* publié en 1995, le premier grand ouvrage de Smith. En lisant la conférence aujourd'hui (ce que tout un chacun devrait faire), elle semble tout à fait exempte d'agressivité. Mais il faut se souvenir d'une chose à propos des universitaires, que l'on peut qualifier de « querelleurs ». L'instinct de beaucoup d'entre eux est de douter avec snobisme de tout ce que vous dîtes, de le rejeter comme sans intérêt ou de se persuader qu'ils y ont déjà pensé. Cela s'explique par le fait que, comme toute autre entreprise humaine, l'université est un lieu de sport compétitif et souvent vicieux. Je ne dis pas que c'est une mauvaise chose : en fait, cette approche conflictuelle, qui s'estompe, est nécessaire pour tester la théorie par rapport à la réalité de la nature.

Il y a plus que de la matière

« *Selon la croyance populaire, il y a la couleur, le doux et l'amer ; mais en réalité, il n'y a que des atomes et du vide.* »

Telle était la théorie de Démocrite, et c'est ce que prétendent de nombreux scientifiques modernes. Smith aimait beaucoup cette citation. Selon lui, le vulgaire a raison et les scientifiques (matérialistes) sont dans l'erreur : il n'y a pas que les atomes et le vide. Plus exactement, Smith disait que les critiques de Démocrite avaient raison, mais seulement jusqu'à un certain point : là où la métaphysique doit nécessairement prendre le pas sur la physique. Smith s'est rendu compte que la solution aux nombreuses énigmes de la mécanique quantique ne pouvait pas être tirée d'une métaphysique atomistique. Il a préconisé, jusqu'à la fin, un retour au commencement, c'est-à-dire à une métaphysique aristotélicienne et thomiste, que Heisenberg lui-même avait suggérée dès le départ.

La physique des mouvements discrets (c'est-à-dire la physique quantique) suscite deux grandes questions : la première a trait au comportement particulier de certains éléments minuscules lorsqu'ils sont (apparemment) détachés de grands éléments. Ils peuvent parfois sembler se trouver à plusieurs endroits à la fois. Ce n'est que lorsqu'on interagit avec eux par une mesure qu'ils prennent des valeurs mesurées.

Leur « fonction d'onde s'effondre », dit-on. À la suite de Heisenberg, Smith s'est rendu compte, comme beaucoup en conviennent aujourd'hui, que cela pouvait s'expliquer par le fait qu'un élément peut se manifester soit à un degré d'actualité soit de potentialité, ce qui correspond à la solution d'Aristote en réponse à certains paradoxes classiques. Ce n'est pas que ces minuscules entités soient à un certain moment des ondes, à un autre des particules. C'est que le flou « quantique » fait *partie* de leur être. Les objets quantiques ont beaucoup moins d'actualité, comme en ont les grands objets, et beaucoup plus de potentialité. Une interaction, telle qu'une mesure, supprime la potentialité et impose l'actualisation.

La solution de Smith concernant la mesure en mécanique quantique est beaucoup plus simple, « relativement parlant » (de sa part un jeu de mots) : c'est de revenir au point de départ, à Aristote et à Heisenberg, avec l'idée que les substances sont composées à la fois de potentialité et d'actualité. Même vous, cher lecteur, avez le potentiel d'être ailleurs que là où vous êtes, et il faut quelque chose d'actuel pour vous y amener, quelque chose d'actuel pour actualiser la potentialité qui est en vous. Ce potentiel fait partie de vous, dans un sens très réel.

Le monde quantique n'est pas familier parce qu'il est composé d'objets qui ont beaucoup plus de potentialité que d'actualité. Il n'y a pas d'« effondrement » de la fonction d'onde, mais une potentialité qui devient une actualité par le fait d'un événement concret, à savoir une interaction ou une mesure. Nous avons consacré beaucoup de temps à cette question ailleurs, et il n'y a pas de raison d'y insister ici.

La grande idée de Smith, que nous partageons, est la nécessité d'un retour de la notion de spirituel dans le discours scientifique. Nous savons tous qu'il est là. « Le premier point à souligner est que la réduction de l'animé à l'inanimé, du vivant au simplement "complexe", loin d'être fondée sur des faits scientifiques, est en réalité une hypothèse sans fondement, qui tire sa force du fait qu'il nous est impossible de saisir ce qui distingue les deux. »

Un instant, votre oncle au mental dérangé s'emporte à propos de BLM[39], l'instant d'après, il a cessé : son âme s'est envolée. Les êtres vivants sont plus que leurs parties constitutives fonctionnant ensemble, de même que l'eau est plus que de l'hydrogène mélangé à de l'oxygène. « Cette causation verticale générée par l'âme constitue en fait la force vitale ou l'*élan vital* de l'organisme, qui à la fois "*produit* " son corps, ou "enveloppe corporelle", et l'*anime.* » Toute science qui ne reconnaît pas cela, et bien d'autres choses semblables, est incomplète.

Il doit être évident maintenant que la causalité verticale, non mesurable au sens traditionnel du terme, est « *ce qui génère la causalité horizontale* ». Regardez : vous saviez que c'était vrai avant d'être ici aujourd'hui. Toutes les « lois » glorifiées de la physique et la nature du monde *devaient venir de quelque chose.* Elles ne pouvaient pas se faire elles-mêmes. Et nous savons tous ce qu'est ce quelque chose. Toutes les tentatives des scientifiques pour expliquer cette vérité inconfortable les ont plongés dans l'embarras. Et ce sera toujours le cas.

Énigmes

La lecture de *The Quantum Enigma* de Smith permet de comprendre les choses en détail, mais en matière d'ouvrages strictement introductifs, on peut recourir à *The Last Superstition* et *Aristotle's Revenge* d'Ed Feser, qui demande peu de connaissances philosophiques en général ni d'ailleurs en mécanique quantique. Mais si vous avez déjà quelques connaissances en physique, procurez-vous l'ouvrage de Smith.

---

[39] Black Lives Matter ; NdT.

Et surtout, si vous le pouvez, mettez-le entre les mains de physiciens en activité.

Le second mystère, auquel Smith a consacré une grande partie de ses efforts et de ses explications, réside dans le fait que deux entités « intriquées » peuvent communiquer à une vitesse supérieure à celle de la lumière. La solution n'est certainement pas la réalité du « multivers », que Smith a rejetée (et moi de même). La réponse, en référence au théorème de Bell, est (encore une fois) que la réalité ne se résume pas à des atomes, des cordes ou autres entités, qui s'entrechoquent. Le cosmos visible n'est que la surface de la réalité. Il est sous-tendu par le royaume intermédiaire, qui lui-même est relié au moteur principal. Cette philosophie est en accord avec toutes les observations connues, alors que les idées démocritéennes ne le sont pas.

Une image favorite de Smith est celle d'un cercle dont la circonférence nous représente, naturellement — nous et notre univers : les insectes, les pierres, les étoiles et tout le reste. L'intérieur du cercle figure le royaume intermédiaire qui communique avec le Centre origine. La métaphore est pertinente : imaginez deux particules situées sur la circonférence, séparées par une grande distance, bien trop grande pour qu'un signal puisse passer entre elles en un temps adéquat. À chaque particule est attachée une ligne qui plonge dans les profondeurs du domaine intermédiaire. Les deux lignes sont reliées. C'est là, dit Smith, que la causation *verticale* interagit instantanément avec les particules. Dans le domaine intermédiaire, la barrière de la vitesse de la lumière n'existe pas. Selon les physiciens, de telles interactions doivent signifier que la réalité est « non locale ». Smith a tiré les implications de cette idée. La causation verticale, qui en résulte, est différente de la causation *horizontale* ordinaire, qui n'opère que sur la circonférence et dans le temps.

Pour ceux qui ont des connaissances en physique, cette citation de *Quantum Enigma* peut être éclairante :

> … Il est néanmoins erroné de parler de « hasard » en référence au micromonde. Comme je l'ai déjà souligné, l'effondrement du vecteur d'état – qui signale un état propre à partir d'un ensemble d'états propres (*eigenstates*) – n'est pas comparable au lancer d'un dé ; car alors que ce dernier constitue un processus temporel, aussi indéterminé soit-il, l'effondrement d'un vecteur d'état ne peut pas être conçu de cette manière. Disons de manière apodictique que l'effondrement d'un vecteur d'état n'est pas le résultat d'un processus temporel, qu'il soit déterministe, aléatoire ou stochastique. Un ordre supérieur de causalité entre en scène, qui doit être distingué catégoriquement de la causalité temporelle sous toutes ses formes ; le soi-disant « effondrement » ne peut pas plus être attribué au hasard qu'au déterminisme, mais implique en fait un type de causalité qui, étrangement, n'est pas « de ce monde ». (p. 110)

L'« indétermination » d'un lancer de dé vient du fait que nous ne connaissons pas toutes les causes et conditions du lancer. Mais lorsque nous en prenons bonne note, cette indétermination se transforme en détermination, comme il est aisé de le montrer. Par exemple, j'ai construit avec mon père une machine à jouer à pile ou face qui contrôle toutes les causes et conditions importantes d'un lancer et qui fait tomber la pièce sur face à chaque fois. Mais il est impossible de connaître toutes les causes et conditions affectant les entités de la mécanique quantique ; cela a également été prouvé. Nombreuses théories ont été proposées à ce sujet, mais, à mon avis, ainsi que Smith l'affirme, seule la description de la métaphysique classique tient la route.

Malheureusement, les notions que Smith développe, aussi importantes soient-elles, ne susciteront aucun intérêt chez les nombreux scientifiques en activité, car elles ne sont pas assorties de formules *évidentes* susceptibles d'être exploitées. Nous n'en sommes qu'au début de l'élaboration d'idées pratiques. Mais cela ne signifie pas qu'elles ne peuvent avoir une incidence dans la recherche. R. E. Kastner et d'autres auteurs ont récemment publié un article Arxiv intitulé « *Taking Heisenberg's Potentia Seriously* ». Ils démontrent comment « des événements réels peuvent affecter, instantanément et sans causalité apparente, ce qui se révélera ultérieurement possible » ; cela pourrait porter des fruits en prouvant l'action du domaine intermédiaire. Un lecteur qui a de solides connaissances en physique peut se procurer l'ouvrage de Robert Koons intitulé *Is St. Thomas's Aristotelian Philosophy of Nature Obsolete ?* Je vous laisse deviner la réponse.

Il y a bien sûr beaucoup plus que tout ce que nous venons de voir. Nous n'avons même pas commencé à esquisser ce que Smith a défini comme étant les objets « corporels », c'est-à-dire ceux qui sont accessibles à notre perception ordinaire, et les objets « physiques », à savoir ces parties du corporel qui se prêtent à la quantification. L'une des grandes erreurs de notre époque est de s'imaginer qu'il s'agit d'une seule et même chose, que l'inquantifiable peut être quantifié, ou que tout ce qui n'est pas quantifiable ne mérite pas d'être étudié. Nous n'avons pas abordé non plus le concept de « totalité irréductible »[40] qu'a développé Smith, et qui est lié à l'hylémorphisme, théorie selon laquelle tous les objets sont composés de forme et de matière.

Qu'on y pense !

Il existe de nombreuses preuves que nos esprits ne sont pas des machines. La plus évidente est que les machines n'ont pas conscience d'elles-mêmes. Or nous en avons une. Certains tentent d'esquiver la question en disant que notre conscience

---

[40] Cf. *Science, Scientisme et Religion*, ch. 2 et *infra* Ch. IV.

est une « illusion », sans comprendre qu'il faut être conscient de soi pour pouvoir avoir des illusions.

L'une de ces preuves, qui sera nouvelle pour certains, est que la perception visuelle nécessite un « franchissement des *limites temporelles* ». Nous ne percevons pas le mouvement comme le fait une caméra, image par image, mais « *d'un seul coup* ». *Le regard* fait ici un double travail. Des mécanismes corporels traitent les images, certes, mais il faut toujours un esprit pour les « *voir* » et les comprendre pour ce qu'elles sont.

Il existe une explication limpide du théorème de Gödel qui montre à nouveau que nous avons besoin d'un esprit pour voir, et que nous sommes donc autre chose que des « assemblages de particules ». Je cite un passage de *Quantum Enigma* dans son intégralité parce qu'il s'agit d'un terrain qui nous est familier.

> En vertu de la partie I (montrant que les preuves dans une mathématique axiomatisée peuvent être affectées d'un nombre), nous pouvons supposer qu'il existe une fonction P(m,n), définie pour tous les nombres naturels m et n, telle que, pour chaque m, P(m,n) est une fonction propositionnelle de n (un énoncé algébrique dépendant de n, qui peut être vrai ou faux) et une fonction Π(k) qui ordonne toutes les preuves mathématiques dans le système d'axiomes donné.
>
> Nous définissons maintenant la fonction propositionnelle suivante : « Il n'existe pas de k tel que Π(k) prouve P(w,w) ». Puisque notre énumération P(m,n) de propositions arithmétiques est complète, il doit exister un entier naturel s tel que P(s,n) soit la fonction précitée. Considérons maintenant la proposition P(s,s) : la première chose à noter est que cette proposition est indémontrable (puisque notre construction implique qu'« il n'existe pas de k tel que Π(k) prouve P(s,s) » ; et la seconde est que P(s,s) est vraie : car il n'existe pas de k tel que Π(k) prouve P(s,s).

Si vous pouvez voir cela – le comprendre, le saisir, vous l'approprier – vous pouvez aussi voir qu'aucun ordinateur ne pourra jamais le faire. Cela implique une *infinité de pensées*, ce qui est impossible pour un ordinateur, qui se contenterait de tourner en rond sans jamais parvenir à trouver la réponse.

J'aime à dire que Gödel l'a fait à la dure. Nous savions déjà que tout système d'axiomes contenait des énoncés vrais, mais indémontrables. De même les axiomes. Il s'agit de propositions auxquelles tout le monde croit, mais pour lesquelles il n'existe aucune preuve. Pas au sens ordinaire du terme. Là encore, nous devons toucher un esprit infini pour savoir ce qui ne peut être prouvé par des méthodes ordinaires.

Cela nous dépasse

Accrochez-vous à vos trous noirs ! Smith pose vraiment des questions difficiles à Einstein. « Soit Einstein a raison et les équations de la mécanique classique doivent être révisées, soit les équations de la mécanique classique sont correctes en l'état, et c'est en fait sa mécanique "relativiste" qui se trouve être fausse ».

Ici, cher lecteur, je suis sur un terrain moins stable, ne connaissant pas aussi bien la relativité que la mécanique quantique, et je ne suis donc pas en mesure de critiquer intelligemment Smith. Einstein a rejeté l'idée du repos absolu : Smith ne la rejette pas. Smith soutient qu'Einstein a trop présumé : malgré le fait que l'expérience Michelson-Morley n'a pas trouvé de vitesse orbitale de la terre, Einstein a quand même présumé qu'elle existait, et ainsi de suite.

Mais cela ne s'est pas arrêté à Michelson-Morley. Depuis, d'autres ont au moins prétendu avoir mesuré la vitesse orbitale en observant, par exemple, les décalages Doppler de la lumière des étoiles lorsque (on le suppose) la terre se déplace. Cependant, il est possible que la Terre reste immobile et que les étoiles se déplacent. Les mesures seraient les mêmes.

> Ce que je souhaite souligner, c'est que la relativité einsteinienne repose en fait sur l'hypothèse qu'*il ne peut*

exister de cadre de référence immobile, un K0 « au repos » : c'est cette négation qui conduit tout naturellement au moins à la théorie de la relativité restreinte. Mais étant donné qu'il n'existe pas la moindre preuve empirique à l'appui de ce déni, on voit que la physique einsteinienne ne peut se fonder en fin de compte que sur des bases idéologiques.

Qu'en est-il de cette absence de « la moindre preuve » ? La vérification empirique de la relativité doit impliquer des mesures très délicates, étant donné que les effets sont presque totalement négligeables dans la plupart des cas. « Les idées fausses mises à part, la question de savoir si la relativité restreinte a passé le cap de la vérification empirique s'avère être un problème technique redoutable. Et ce n'est pas étonnant si, à une vitesse de 1000 km/h, on doit faire la différence entre 1 et 0,99999945 ! »

À partir de là, Smith fournit des détails sur les expériences (en commençant par l'expérience de Sagnac de 1913) montrant l'anisotropie des vitesses de la lumière. Ruyong Wang *et al.* ont effectué une expérience en 2003, dans laquelle "l'effet Sagnac est également obtenu sur une trajectoire linéaire à double sens, en inversant un faisceau lumineux envoyé en ligne droite sur une plate-forme en mouvement et en mesurant la différence de temps de retour". L'expérience de Wang indique que la vitesse de la lumière *n*'est en fait *pas c* dans tous les référentiels inertiels, comme l'exige la physique einsteinienne ».

La science n'est pas la solution

L'autre grande préoccupation de Smith, et peut-être la vôtre aussi, cher lecteur, était le scientisme. Il ne l'aimait pas. Nous ne l'aimons pas non plus. L'idée que la science a le dernier mot sur tout était pour Smith, et pour nous, absurde. La science ne peut même pas expliquer ses propres prémisses. Ce domaine est si vaste, et si cher à nos cœurs, que nous détaillerons dans de prochains articles les objections de Smith. Pour l'instant, voici une citation tirée de *Cosmos and Transcendance* sur les conséquences du scientisme :

> Il est évident pour tous que nos modes de vie extérieurs sont radicalement modifiés en conséquence directe des progrès scientifiques. Ce que nous ne réalisons généralement pas, en revanche, c'est que l'impact de cette même évolution sur notre vie intérieure – oui, sur la condition de notre âme – n'est pas moins prononcé. Tout d'abord, la mécanisation de notre environnement de travail, le phénomène d'étalement urbain, la congestion croissante et le bruit perpétuel, la prolifération du béton, de l'acier et du plastique, la perte de contact avec la nature et les choses naturelles, l'invasion de nos maisons par les médias de masse – tout cela en soi ne peut qu'avoir un effet sur notre état mental et émotionnel. Ajoutez à cela le déracinement des hommes de leur environnement ancestral et une mobilité sans précédent qui mélange les populations comme un jeu de cartes !... Car il ne faut pas oublier que les hommes aussi doivent être standardisés, comme les pièces interchangeables d'une machine, pour que les rouages de la civilisation mécanisée puissent tourner sans heurts et efficacement. (pp. 158-159)

Tout cela guidé, il n'est pas besoin de le dire, par des experts sous l'emprise de l'utilitarisme, autre cadeau des Lumières. Nous ne le savons que trop bien.

Ses livres sur ce sujet sont *Cosmos and Transcendence : Breaking Through the Barrier of Scientistic Belief*, d'où est tiré ce passage, *Ancient Wisdom and Modern Misconceptions*, et *Christian Gnosis : De Saint Paul à Meister Eckhart*. Ce dernier ouvrage, ainsi que le *Vedanta à la lumière de la sagesse chrétienne*, pourrait être classé dans la catégorie des ouvrages théophilosophiques.

Je n'ai eu que quelques « rencontres » avec Wolfgang, et seulement par Zoom et par courrier électronique, où il a très patiemment et aimablement corrigé certains de mes malentendus sur son travail. J'insiste sur sa gentillesse. Cette attitude était toujours présente, et évidente dans ses écrits et ses interactions personnelles. Sa correspondance avec le Frère Martin est empreinte d'humilité. J'attends avec impatience que la science (re)découvre son travail.

William M. Briggs

CHAPITRE IV

LA PHILOSOPHIE DE LA PHYSIQUE DE WOLFGANG SMITH : UNE RÉFLEXION PERSONNELLE

Selon Wolfgang Smith, le cosmos que nous habitons est composé de deux domaines essentiels.

Le premier domaine, l'*univers corporel*, est le monde familier qui nous accueille quotidiennement par nos cinq sens : le goût, le toucher, l'ouïe, l'odorat et la vue. Il est important de noter que le professeur Smith affirme que les qualités présentées par nos sens sont des parties authentiques des objets extérieurs.[41] En d'autres termes, le ciel est vraiment bleu et l'herbe sous nos pieds est vraiment verte. Bien que cette idée puisse sembler naïve - quelque chose que seul un "simplet" pourrait croire - la notion de monde corporel de Wolfgang Smith renvoie un miroir inversé au paradigme intellectuel dominant, paradigme qui insiste sur la bifurcation de la réalité entre le perceptible et l'imperceptible à chaque instant. Depuis René Descartes et jusqu'à John Locke, la pensée conventionnelle veut que les qualités sensorielles soient des projections subjectives plutôt que des propriétés objectives.[42] Selon ce point de vue, l'herbe n'est pas intrinsèquement verte, puisque sa couleur verte n'est qu'une construction mentale, superposée à ce qui reste de l'herbe dans un monde par ailleurs prosaïque et incolore. Locke et Descartes supposent que les vestiges insipides sur lesquels les qualités sensorielles sont

---

[41] *Physics: A Science in Quest of an Ontology* (*PSQ*), PSIF, 2023, pp. 8-9. Édition prochaine en français chez L'Harmattan ; désormais *PSQ*, NdT.
[42] *PSQ*, p. 3-4

imprimées sont les attributs mesurables des objets externes. Ce qui existe objectivement, c'est-à-dire indépendamment de l'esprit, ce sont des propriétés quantifiables telles que la longueur, la largeur, la hauteur, etc. Dans le cadre de la physique moderne, ces propriétés mesurables s'étendent également à des quantités physiques fortement augmentées, telles que celles issues des domaines de la thermodynamique, de l'électromagnétisme et de la théorie quantique.[43]

Naturellement, cela nous amène au deuxième domaine clé du monde de Smith : l'*univers physique*. Dans *The Quantum Enigma* (*TQE*), Smith définit l'univers physique comme le domaine cartésien de la quantification ou, plus précisément, la partie de la réalité accessible et intelligible pour un physicien.[44] En règle générale, *l'univers physique* entretient une correspondance biunivoque avec le monde corporel. Par conséquent, l'ontologie de Smith affirme que des objets corporels particuliers - tels que les pommes dans toute leur gloire sensorielle - correspondent à des objets sous-corporels, qui représentent leur conceptualisation en termes de physique.[45] Pour reprendre la notation standard du Professeur Smith, pour tout objet corporel X, il existe un objet sous-corporel correspondant SX, qui est ce même X, mais tel qu'il est conçu par le physicien.[46]

Cependant, cette symbiose entre les domaines corporel et physique n'est pas absolue dans la métaphysique de Smith. En effet, sous le domaine sous-corporel se cache une couche encore plus profonde de la réalité physique : le domaine transcorporel. Selon Smith, le domaine transcorporel englobe les entités physiques qui n'ont pas d'origine directe à l'intérieur

---

43 *PSQ*, p. 4
44 *TQE*, p. 29
45 *TQE*, p. 34
46 *TQE*, p. 34

d'un SX.[47] Dans son dernier ouvrage, Smith associe ces « objets transcorporels » aux phénomènes de la mécanique quantique. Un point capital sur lequel nous reviendrons dans quelques instants.

Pour éclairer davantage ce point, Smith introduit également un concept qui est devenu depuis lors fondamental dans sa pensée, celui de Totalité irréductible (TI)[48].

Certains ne seront pas surpris d'apprendre que la philosophie de la physique de Wolfgang Smith est profondément thomiste et platonicienne. En fait, ce qui individualise les objets du monde corporel, ce sont leurs formes substantielles (thomistes) - les principes ontologiques qui chorégraphient la matière (potentialité) en entités spécifiques.[49] Plus poétiquement, une forme substantielle est ce principe d'actualité qui fait, par exemple, qu'un aigle qui s'envole est différent d'une rafale de vent, ou qu'un être humain est plus que de la chair et des os, mais un animal rationnel capable d'aimer. La causalité que l'exercice des formes substantielles de Smith affirme également est fondamentalement différente de la causalité que l'on trouve dans la physique.[50] Alors qu'en physique, la causalité opère dans le temps et dans l'espace par une séquence d'événements, la forme substantielle exerce une causalité en dehors du temps et de l'espace, sans aucun enchaînement physique. Smith parle de *causalité horizontale* (CH) pour le premier type de causalité et de *causalité verticale* (CV) pour le second type.[51] Dès son ouvrage sur l'énigme quantique (*The*

---

[47] *PSQ*, p. 28

[48] *Irreducible Wholeness* ou *IW* en anglais ; NdT.

[49] Voir « *From Schrödinger's Cat to Thomistic Ontology* » (« Du chat de Schrödinger à l'ontologie thomiste ») in *Sagesse de la Cosmologie Ancienne*, L'Harmattan, 2008, version anglo-américaine : *Ancient Wisdom and Modern Misconceptions*.

[50] *TQE*, p. 118.

[51] *PSQ*, p. 15.

Quantum Enigma), la CV a joué un rôle crucial dans l'élaboration d'une ontologie des sciences par Wolfgang Smith. Cependant, ce n'est que dans l'un de ses derniers écrits qu'il a fourni un exposé définitif sur l'origine de la CV.

L'exposé en question est enraciné dans la conception ultérieure de Smith concernant la *Totalité irréductible* (TI). Comme cette expression l'indique clairement, la TI décrit une totalité qui transcende la simple somme des parties spatio-temporelles.[52] Or l'idée que le tout est plus grand que la somme de ses parties est reconnue depuis longtemps par ceux qui ont ne serait-ce qu'un minimum d'intuition. Cependant, tout au long de l'histoire de l'humanité, cette reconnaissance a toujours été liée à quelque chose d'autre. Pour Aristote et Thomas d'Aquin, la TI était associée à la forme substantielle, pour Platon, aux Formes transcendantes hors de la caverne. Toutefois, contrairement à ses vénérables prédécesseurs, Smith accorde à la Totalité irréductible un statut ontologique indépendant.[53] Ainsi, au lieu d'agir comme une propriété qui accompagne simplement quelque chose d'autre (par exemple une forme substantielle), la TI a une autorité réelle et constitue en vérité l'essence de tout "être" cosmique en dehors de Dieu. Après tout, s'il n'y avait pas une volonté susceptible de transcender une sommation, comment l'acte de sommation pourrait-il survenir ? En effet, sans un tel principe préexistant, il n'y aurait pas d'impulsion pour que la somme émerge, pas de fondement sur lequel elle pourrait s'appuyer. En d'autres termes, rien ne peut "additionner les parties" à moins qu'il n'existe déjà quelque chose qui surpasse à la fois les parties et leur somme. Par conséquent, la somme pointe intrinsèquement au-delà d'elle-même, vers quelque chose de plus grand.

---

[52] *PSQ*, p. 19.
[53] *PSQ*, p. 19.

À une unité qui ne peut être décomposée : à une Totalité qui est, par essence, irréductible.

Après avoir défini la notion de Totalité irréductible, Smith, dans son dernier livre, précise que cette Totalité irréductible est la source de toute causalité verticale, ce qui signifie que les deux sont indissociablement liées.[54] Smith explique en outre que la totalité irréductible doit résider dans ce qu'il appelle le « domaine æviternel », un domaine marqué par son inaltérabilité et sa situation au-dessus du temps.[55] En revanche, le niveau intermédiaire, qui se situe au-dessus du corporel, est soumis au temps seul, tandis que le domaine corporel est soumis à la fois à l'espace et au temps.[56]

S'appuyant sur ce cadre, Smith soutient également qu'en raison de leur substantialité inhérente, les objets corporels sont eux-mêmes des *instances* de TI.[57] Cette idée a convaincu Smith, dans son dernier livre, de repenser quelque peu la manière dont les objets sous-corporels sont compris.[58] Plutôt que de définir SX uniquement comme la conception aléatoire d'une entité corporelle X par le physicien, la reformulation ultérieure de Smith insiste sur le fait que les objets sous-corporels peuvent également être qualifiés de TI, en raison de leur participation à la Totalité irréductible de X.[59] À la lumière de cette *participation*, Smith redéfinit SX comme l'aspect quantitatif idéalisé de X : un aspect quantitatif qui, par sa nature même, ne se résume pas à une description quantitative de X plutôt qu'à une autre, mais qui, en un sens, englobe

[54] *PSQ*, p. 25.
[55] *PSQ*, p. 21.
[56] Voir « The Tripartite Wholeness » (« La Totalité tripartite ») in *The Vertical Ascent*, chap. 2, trad. française *Science, Scientisme et Religion*. L'Harmattan, 2024.
[57] *PSQ*, p. 26.
[58] *PSQ*, p. 26.
[59] *PSQ*, p. 27.

l'ensemble dans la mesure où il correspond à toutes ces descriptions.[60]

À ce stade, il convient également de noter que la Totalité irréductible d'un SX ne l'empêche pas de posséder un certain degré de puissance par rapport à son correspondant X.[61] En termes aristotéliciens, la « puissance » ou « potentia » se réfère à la potentialité d'une chose à exister dans un état ou dans un autre – comme une pièce de monnaie non encore lancée qui va retomber sur pile ou sur face. Lorsque l'un de ces états est réalisé, nous disons que sa puissance a été actualisée. Traitant de l'énigme quantique, Smith soutient que la puissance de SX – ou même d'un objet transcorporel – réside dans sa relation avec la manière dont X se présente ou s'affiche au niveau corporel.[62] Par exemple, un objet X peut adopter une « présentation » visuelle spécifique qui correspond à une configuration physique particulière au niveau de son SX. De même, un objet X peut présenter un « affichage » distinct au niveau de son X, se traduisant par un résultat mesurable sur un instrument corporel, par exemple la lecture d'un pointeur visible ou le clic audible d'un compteur Geiger.

La capacité du SX à accueillir diverses présentations et affichages au niveau corporel X implique que la physique associée au SX est, dans une certaine mesure, malléable. En d'autres termes, de multiples formulations physiques peuvent être associées à un SX. En ce sens, les objets de type SX sont partiellement intentionnels, mais pas entièrement. En effet, il semble exister une dimension quantitative aux objets corporels X, mais les caractéristiques mesurables spécifiques de cette dimension sont, en quelque sorte, fournies d'en haut par le

60 *PSQ*, p. 27.
61 *TQE*, p. 74.
62 *TQE*, pp. 35-36.

physicien à travers le formalisme mathématique qu'il a choisi.[63]

Néanmoins, la malléabilité du SX n'équivaut pas à une subjectivité totale. Comme Wolfgang Smith l'a souligné dans son dernier ouvrage, la physique classique trouve son origine dans la composition d'un SX, tandis que la mécanique quantique trouve son origine dans une interaction entre la TI et le domaine transcorporel.[64] J'expliquerai dans un instant comment les entités de la mécanique quantique sont façonnées à partir du domaine transcorporel. Smith justifie cette distinction par sa hiérarchie métaphysique dans laquelle TI est la source de tout être cosmique. Ainsi, un objet corporel X, qui participe intrinsèquement à une TI stable, est naturellement en phase avec une physique plus ancrée dans le sens commun, à savoir la physique classique. En revanche, la physique régissant un domaine au statut ontologique réduit - un domaine plus éloigné de la TI et soumis à son effet- revêt le caractère " obscur" de la mécanique quantique.[65] Selon mon interprétation de Smith[66], l'origine transcorporelle de la théorie quantique et l'origine sous-corporelle de la mécanique classique n'impliquent pas que la mécanique quantique ne puisse être utilisée pour décrire un SX. Au contraire, comme nous le verrons plus loin, Smith note explicitement que les entités de la mécanique quantique peuvent être incorporées dans un SX, même si c'est en tant qu'"entités étrangères".[67] En outre, comme l'affirment Drossel et Ellis, le « réservoir thermique »[68]

[63] *TQE*, p. 34.

[64] *PSQ*, pp. 30-31.

[65] *PSQ*, p. 31.

[66] Principalement basé sur des conversations privées avec lui.

[67] *PSQ*, p. 38.

[68] En physique, un réservoir thermique est un système idéalisé qui possède une capacité thermique infinie (ou incommensurable), pouvant notamment fournir ou absorber de la chaleur sans que sa température ne change.

d'un SX se comporte de manière classique à l'échelle globale, mais de manière quantique à l'échelle locale[69] – un point que Smith et moi-même avons considéré comme suggérant que le réservoir thermique constitue une TI.[70] Sur cette base, les entités quantiques peuvent en effet être intégrées dans la physique d'un SX, mais elles doivent conserver leur "origine étrangère" (c'est-à-dire le domaine transcorporel).[71] Il n'en va pas de même pour la physique classique : bien que la mécanique classique trouve son origine dans un SX, elle ne peut être transférée de la même manière dans le domaine transcorporel, précisément parce que la physique du transcorporel dépend fondamentalement de l'interaction entre le transcorporel et la Totalité irréductible.[72]

In fine, on peut dire que la nature des objets SX peut être comprise comme comprenant trois éléments principaux. Premièrement (I), il existe une totalité fixe et irréductible qui sert de fondement immuable, permettant de quantifier X dans le cadre de la physique classique. Cette capacité n'est pas limitée à une forme spécifique de physique classique, ce qui fait de SX une TI. Deuxièmement (II), SX possède le potentiel d'être interprété à travers divers formalismes classiques, qu'il s'agisse de la mécanique newtonienne, lagrangienne, hamiltonienne ou autre. Enfin (III), SX a la capacité d'assimiler des « entités étrangères » dans son corpus quantitatif. Plus précisément,

---

En thermodynamique, les réservoirs thermiques servent à modéliser des sources chaudes ou froides dans les machines thermiques ; NdT.

[69] Voir « *Contextual Wavefunction Collapse: An Integrated Theory of Quantum Measurement* » (« l'effondrement contextuel de la fonction d'onde : Une théorie intégrée de la mesure quantique ») in *New Journal of Physics*, Volume 20, November 2018.

[70] Voir, « *Subcorporeal Physics and Vertical Causation* » (« Physique souscorporelle et causalité verticale »), in *Physics: A Science in Quest of an Ontology*, Part II, Chapter II.

[71] *PSQ*, p. 38.

[72] *PSQ*, p. 38.

(III) reflète la capacité de SX à intégrer la théorie quantique – un point qui sera bientôt clarifié.

Compte tenu de tout cela, Wolfgang Smith utilise son ontologie principalement pour aborder plusieurs dilemmes fondamentaux de la philosophie de la physique.

Le principal dilemme auquel Smith s'attaque est le fameux problème de la mesure, à savoir comment une particule quantique peut passer instantanément d'une superposition d'états possibles à une entité physique définie lorsqu'elle est mesurée par un appareil classique.[73] Pour résoudre ce problème, Smith propose que les systèmes quantiques existent en tant que *potentiae* aristotéliciennes transcorporelles. Ces potentiels sont actualisés dans un acte de mesure instantanée par un instrument corporel qui confère ses formes accidentelles à ces systèmes.[74] La force motrice derrière cette actualisation, selon Smith, est la causalité verticale, une conclusion soutenue par la nature instantanée ou supratemporelle de l'effondrement de l'état quantique.[75] Curieusement, cette instantanéité , qui est la signature de la CV, ne se limite pas à l'effondrement

---

[73] *PSQ*, pp. 13-17.

[74] *Ibid.*

[75] *PSQ*, p. 16. En physique quantique, l'effondrement de l'état quantique (ou réduction du paquet d'onde) désigne le passage d'un système quantique d'un état superposé à un état défini, lors d'une mesure. Avant la mesure, un système quantique (comme un électron ou un photon) peut être dans une superposition d'états – par exemple, plusieurs positions, vitesses, ou états de spin possibles en même temps, mais dès qu'on effectue une observation ou mesure, cette superposition disparaît et un seul résultat est obtenu : on dit que l'état quantique s'effondre vers un des états propres observables. Cet effondrement n'est pas expliqué par l'équation de Schrödinger, qui est linéaire et réversible, d'où les interprétations de Copenhague (l'effondrement est réel et lié à la mesure), d'Everett (mondes multiples : pas d'effondrement, tous les résultats coexistent dans des mondes parallèles), de la *décohérence* (l'environnement induit une sélection apparente d'état) ou encore de *théories à variables cachées* (comme chez Bohm : l'état est toujours bien défini mais inconnu) ; NdT.

de la fonction d'onde, mais apparaît dans un large éventail de phénomènes. Qu'il s'agisse de l'effondrement soudain des champs électriques qui a intrigué Einstein ou de la détermination d'information complexe spécifiée, les effets instantanés sont omniprésents dans les sciences naturelles.[76] Ce seul fait souligne la réalité de la causalité verticale qui, à son tour, réduit en miettes la *Weltanschauung*[77] matérialiste.

Pour en revenir à la résolution du problème de la mesure quantique par Smith, il est important de souligner que l'actualisation de la potentialité quantique n'implique pas la convocation littérale d'une particule microscopique à partir d'un nuage nébuleux de probabilités. Au contraire, cette actualisation se manifeste dans le monde corporel par les résultats perceptibles enregistrés par les instruments de mesure corporels.[78] À cet égard, l'interprétation de Smith de la mécanique quantique - et de la physique en général - a presque une connotation carnapienne. En effet, les phénomènes physiques correspondent à des observables phénoménaux et tirent leur identité ou leur signification de cette correspondance, ce qui a été vigoureusement soutenu par le philosophe analytique Rudolf Carnap (1891-1970), qui a tenté de réduire la réalité à des ensembles de ce qu'il a appelé des « phrases d'observation »[79]

Il est intéressant de noter que cela nous amène à un deuxième dilemme que Smith aborde habilement à l'aide de son

---

[76] *PSQ*, p. 57.

[77] En allemand dans le texte ; NdT.

[78] *TQE*, p. 75.

[79] Voir « *On Protocol Sentences* » (« À propos des énoncés protocolaires ») in *Noûs*, vol. 21, déc 1987, pp. 457-470. Ce titre a l'honneur d'être associé au nom de Moritz Schlick et aux discussions du Cercle de Vienne sur les fondements de l'empirisme logique. Un énoncé protocolaire est une observation de base ou constat expérimental direct, censé servir de fondement à toute connaissance scientifique. Le débat tournait autour de leur statut logique : sont-ils purement objectifs ? dépendent-ils d'une théorie ? NdT.

ontologie. Il s'agit de la question du statut ontologique des particules quantiques.

En ce qui concerne leur origine, les systèmes quantiques sont, selon Smith, des entités transcorporelles. Cependant, il soutient que leur génération résulte principalement de l'intervention de la TI dans le domaine transcorporel - un processus qui, selon moi, est soutenu par les mathématiques de la théorie quantique dans ses opérateurs hermitiens.[80] Comme l'a noté Heisenberg (1901-1976), lui-même fils d'un classique, la mécanique quantique est unique parmi les théories physiques en ce sens que l'observateur n'est pas un simple spectateur passif, mais qu'il joue un rôle constitutif dans l'élaboration des phénomènes qu'il observe. Cette implication active se manifeste dans deux aspects clés de la théorie quantique : premièrement, dans la détermination de son champ d'observation par le choix d'un instrument de mesure et d'un observable spécifiques.[81] Selon Heisenberg, cette détermination revient à « poser une question ». Et deuxièmement, dans l'effondrement de la fonction d'onde[82], ce qui revient à « recevoir une réponse ».[83] Puisque la totalité irréductible est la source de tout être, Smith

---

[80] Voir « *On the Role of Irreducible Wholeness in Transcorporeal Physics* » (« Sur le rôle de la totalité irréductible dans la physique transcorporelle ») in *The Disinterested Spectator*, Sept. 2023. Un opérateur hermitien est un outil mathématique utilisé pour décrire des choses que l'on peut mesurer en physique quantique, et il garantit que le résultat sera toujours un vrai nombre (pas un nombre complexe). NdT.

[81] Voir Heisenberg, *Physics and Philosophy* (« Physique et philosophie »), chap. 3.

[82] L'« effondrement de l'état quantique » (*quantum state collapse*) est le même phénomène que l'« effondrement de la fonction d'onde » (*wave function collapse*). Précisément, la première appellation renvoie au système qui passe d'une superposition à un état défini (observable), la seconde au fait que la fonction d'onde « saute » vers une fonction propre à la valeur mesurée. NdT. Voir Transcorporeal Physics, The Disinterested Spectator (2023).

[83] Voir Heisenberg, *ibid.*

soutient que c'est par le passage de la TI dans et hors du domaine transcorporel que les systèmes quantiques sont amenés à exister.[84] Avant cela, le domaine transcorporel ne contient pour ainsi dire aucun système quantique. Il reste plutôt « en sommeil », attendant l'influx d'une TI nécessaire pour donner vie à ces entités.[85]

D'ailleurs, dans certains passages de son dernier livre, Smith semble insinuer que le domaine transcorporel n'a « pas d'existence » avant l'arrivée de la TI.[86] Je dirais que cette description est légèrement exagérée. En effet, le fait de n'avoir littéralement « aucun être » implique que le domaine transcorporel n'existe pas avant l'apparition de la totalité irréductible.[87] Il me semble donc plus juste de dire que le domaine transcorporel possède le degré d'être le plus faible de tous les domaines de la cosmologie de Smith. En outre, je suggère que c'est parce que sa réalité ne découle pas de la présence de la Totalité irréductible (TI), mais précisément de son absence. Paradoxalement, c'est par l'absence de TI que le règne transcorporel reçoit son être même, accordé par la Totalité irréductible elle-même, bien que de manière distante et indirecte, un peu comme une ombre reçoit sa réalité de la lumière qu'elle ne peut pas contenir.

Bien que les entités quantiques soient effectivement d'origine transcorporelle, Smith reconnaît également qu'elles jouent un rôle essentiel dans la physique des objets sous-corporels SX. Comme le dit Smith : « le domaine transcorporel est constitué de *potentiae* prêtes à être actualisées au contact d'une entité sous-corporelle SX au moyen de la Causalité

---

[84] Cela correspond au processus de questionnement et de réponse de Heisenberg.

[85] *PSQ*, p. 30.

[86] *PSQ*, p. 31.

[87] Dans le langage scolastique, l'être est défini comme l'essence associée à l'existence.

Verticale (CV) émanant de la TI de X ».[88] Smith poursuit cette affirmation en déclarant qu'il n'existe pas de particules quantiques en tant qu'objets autonomes.[89] Les particules quantiques existent plutôt comme des objets fantômes générés par le processus de mesure quantique ou comme des parties d'un X.[90] Cependant, alors que les systèmes quantiques sont des parties d'un X, Smith précise que ces systèmes ne sont pas non plus des parties au sens de la théorie des ensembles réductibles. En tant que parties, ils contribuent au contraire à la Totalité irréductible de X et signifient en retour l'intégralité de X en eux-mêmes. Les particules quantiques sont, pour parler franchement, des TI une fois qu'elles ont été incorporées dans un X.[91]

Si, comme le soutient Smith, ce descriptif est juste, il ouvre la porte à une compréhension plus profonde de notre réalité – une compréhension qui, je pense, trouve un soutien ontologique dans la métaphysique thomiste.

Un joyau peu connu de l'ontologie thomiste est la théorie de la présence virtuelle de l'Aquinate. Selon l'Aquinate, un objet peut être présent en tant que partie de quelque chose, non pas à travers sa forme substantielle, mais à travers ses pouvoirs. Par « pouvoirs », l'Aquinate fait référence aux propriétés dispositionnelles ou aux capacités qu'un objet conserve.[92] Par exemple, dans l'eau, l'oxygène et l'hydrogène ne sont pas présents sous leur forme substantielle d'origine ; ils existent virtuellement grâce à leurs pouvoirs ou tendances inhérents. Leurs formes substantielles ont effectivement été remplacées par une nouvelle forme substantielle unifiée : celle de l'eau

---

[88] *PSQ*, p. 39.

[89] *PSQ*, p. 29.

[90] *PSQ*, pp. 29-30.

[91] *PSQ*, p. 36.

[92] Voir Christopher Decaen (2000), « Elemental Virtual Presence in St Thomas » (« Présence virtuelle élémentaire chez S. Thomas ») in *The Thomist* 64 (2) ,271-300.

elle-même.[93] À première vue, il existe de nombreuses similitudes entre la doctrine de la présence virtuelle de l'Aquinate et le récit de Smith sur la manière dont les particules quantiques participent à la TI d'un X. Cela suggère qu'une approche fructueuse pourrait consister à réinterpréter la compréhension des particules quantiques par Smith à travers le prisme de la doctrine de la présence virtuelle de l'Aquinate. Selon cette interprétation, lorsqu'un système quantique entre en contact avec la TI d'un X et renonce à son individualité pour faire partie de la TI de X, il le fait en conservant les pouvoirs qui lui sont propres en tant qu'individu potentiel. En d'autres termes, il sacrifie sa forme substantielle prospective – et donc son individualité – pour pouvoir exister virtuellement, c'est-à-dire uniquement en termes de pouvoirs.

Il est intéressant de noter que l'introduction de l'ontologie puissancéiste de l'Aquinate offre des éclaircissements précieux sur plusieurs autres aspects de la philosophie de la physique de Wolfgang Smith. En particulier, elle jette une lumière nouvelle sur sa solution au problème de la mesure, qui apparaît désormais beaucoup plus impressionnante qu'auparavant. Plus précisément, l'ontologie de Thomas d'Aquin fournit enfin une réponse significative à la question de savoir comment un système quantique peut passer du domaine transcorporel *qua* potentialité à une réalité empirique effective sans jamais avoir réellement existé dans un sens concret. Smith affirme qu'avant et après la mesure, « il n'y a pas de particules quantiques ».[94] À la lumière de l'Aquinate, cette affirmation devient beaucoup plus intelligible. Tout au long de ce processus, le système quantique n'a jamais existé que virtuellement – c'est-à-dire en termes de puissance – même lorsqu'il a été actualisé par un appareil de mesure.

---

[93] *Ibid.*

[94] *PSQ*, p. 38

Bien que l'ontologie de la physique de Wolfgang Smith soit, pour l'essentiel, pleinement aboutie, il reste néanmoins quelques développements en suspens. Une question pressante pour moi est la suivante : si la Totalité irréductible est en effet la source de tout être cosmique, comment les formes d'actualisation sont-elles transmises par la Causalité verticale ? Par exemple, dans l'actualisation des systèmes quantiques. L'acte même de conférer des formes semble impliquer un acte de prise de décision – quelque chose qui, à son tour, suggère la présence d'une intelligence derrière cet acte. Mais quelle est la nature de cette intelligence ? Pourrait-elle être divine, c'est-à-dire Dieu ? Ou bien est-il possible qu'une telle cause ne soit pas divine, mais également intelligente ? Et dans ce cas, cette cause serait-elle compatible avec la doctrine catholique orthodoxe ?

Si Dieu est certainement un candidat évident pour la dispensation des formes, l'idée que l'agence divine opère directement dans leur libération routinière, du moins à mes yeux, semble quelque peu tirée par les cheveux. Une alternative plus convaincante consiste à émettre l'hypothèse que les formes actualisantes sont dispensées par ce que Platon appelait « l'âme-monde ».[95] Pour ceux qui ne connaissent pas, l'âme-monde – introduite par Platon dans son *Timée* – est l'intelligence animatrice qui sous-tend et unifie l'ensemble du cosmos.[96] Incidemment, l'âme-monde a également été considérée comme un concept par des figures saintes de l'Église catholique telles que S. Augustin.[97] Dans la vision de Platon, l'univers n'est pas

---

[95] L'idée que les conceptions hylémorphiques de la théorie quantique pourraient être enrichies par la notion de l'âme-monde de Platon a été suggérée par William Simpson et Robert Koons, mais elle n'a pas encore été appliquée à l'ontologie de Wolfgang Smith en particulier.

[96] *Timée* (34b).

[97] Voir « L'âme du monde et le temps chez saint Augustin », Augustinian Studies 14, pp. 75-92.

inerte ou mécanique, mais constitue un ensemble vivant et organique imprégné d'ordre et de finalité.[98] C'est ce tout vivant, cette âme du monde, qui, selon mes conjectures, dispense des formes accidentelles dans l'actualisation des phénomènes quantiques. Ce faisant, l'âme-monde fonctionne comme une sorte de super-intelligence non divine opérant à l'échelle cosmique.

De plus, l'introduction d'une âme-monde dans la métaphysique de Wolfgang Smith fournit des indications précieuses sur le passage de la Totalité irréductible aux formes substantielles et accidentelles. Constituer une forme, après tout, c'est constituer un principe d'organisation intelligible pour la matière. Si une âme-monde cosmique existe, il est logique que cette intelligence puisse modeler la matière en divers principes d'organisation, la transformant en une grande variété de formes substantielles et accidentelles qui peuplent notre cosmos.

Qu'il me suffise de ces quelques réflexions personnelles sur la philosophie de la physique de Wolfgang Smith. Un homme dont les travaux ont non seulement permis de résoudre certaines des plus grandes énigmes ontologiques auxquelles la science moderne est confrontée, mais aussi de montrer pourquoi la science ne peut avoir le dernier mot sur la nature de la réalité. Le « règne de la quantité » touche à sa fin, en grande partie grâce à Wolfgang Smith !

John Taylor

---

[98] *Timée* (34b).

CHAPITRE V

LA MÉTAPHYSIQUE DU PROBLÈME DE LA MESURE[99]

Si l'observation fait s'effondrer la fonction d'onde en mettant la Forme en contact avec la *materia* de la potentialité quantique, qu'est-ce que l'observation exactement – et je veux dire essentiellement, qui est l'observateur ? Seules la conscience et l'intention humaines ont le pouvoir de concevoir des expériences en termes techniques et mathématiques, de concevoir et de construire l'équipement nécessaire pour les réaliser et de développer des expressions mathématiques des résultats de ces expériences. Ni une étoile, ni un rocher, ni un arbre, ni un chat ne peuvent faire tout cela. Pour le scientifique athée, l'être humain doit donc apparaître comme une sorte de magicien capable de transformer une masse de *potentia* inexistante en formes substantielles réellement existantes par sa seule volonté souveraine, grâce au pouvoir magique de la conscience humaine. C'est l'un des facteurs à l'origine de la croissance de notre technocratie magique actuelle, dans laquelle – comme dans le cas de Jack Parsons – les visions du monde technique et magique ont fondamentalement coïncidé.[100]

---

[99] Extrait d'une lettre à Wolfgang Smith.

[100] Jack Parsons, pour ceux qui ne le connaissent pas, était un pionnier américain de la fusée qui a cofondé l'Aerojet Corporation et le Jet Propulsion Laboratory ; il était suffisamment important dans son domaine pour qu'un cratère porte son nom sur la face cachée de la Lune. Il a également été l'élève – avec Ron Hubbard, fondateur de l'Église de Scientologie – du magicien noir Aleister Crowley, qui s'identifiait à la Bête de l'Apocalypse. Parsons et Hubbard étaient tous deux associés à la loge de Los Angeles de

Cependant, étant donné que les êtres humains ne se créent pas eux-mêmes et ne créent pas le monde qui les entoure par leur propre action, la Forme humaine seule doit avoir le privilège de participer consciemment à l'Acte créateur qui l'a produite. En d'autres termes, l'origine de notre statut d'observateurs capables d'effondrer la fonction d'onde en introduisant la Forme dans une masse informe de *potentia* est le fait que l'être humain seul possède ce que le Coran appelle l'*Amana*, la Confiance, et le rôle de vice-gérant de Dieu dans l'existence terrestre. La même vérité se manifeste dans le christianisme par le fait que Jésus-Christ, à la fois Fils de Dieu et Fils de l'homme, est l'incarnation de la forme humaine, « sans qui rien n'a été fait », et par le récit de la Genèse selon lequel Adam possédait la connaissance qui lui donnait le pouvoir de nommer les animaux de l'Eden – c'est-à-dire de conférer une forme à une masse originellement informe de *potentia* biologique. Il a pu le faire en vertu du fait que l'homme est la cause finale de la création de l'univers, ce qui constitue l'essence du principe anthropique - qui apparaît dans la Genèse dans le fait que l'humanité est la dernière création de Dieu au cours de ses six jours de création du monde – tel qu'il est exprimé en termes aristotéliciens. Nous pouvons donc dire que l'être humain est capable d'agir en tant qu'observateur qui ordonne et

---

la religion Thelema de Crowley. Jack Parsons faisait des invocations païennes lors de ses lancements de fusées et affirmait que la mission de sa vie était de détruire le christianisme et – comme le montre une vidéo qui peut encore être vue sur YouTube – a fait une fois une démonstration publique d'une sorte de planche ouija électronique qu'il avait inventée et qui, comme il l'affirmait dans la vidéo, était « la façon dont nous invoquons les démons », son propre esprit familier étant une entité féminine nommée Babalon. Sa vie s'est achevée lorsqu'il s'est fait exploser dans son laboratoire. *J'ai mentionné Parsons dans ma lettre parce que Wolfgang, en tant que « rocket scientist », a développé les équations qui permettent aux vaisseaux spatiaux de rentrer avec succès dans l'atmosphère terrestre, faisant ainsi de Jack Parsons une sorte de « jumeau maléfique » de Wolfgang Smith.*

donc crée le monde corporel par l'acte d'observation uniquement parce qu'il est un objet observé et donc créé par le Premier Observateur, qui est Dieu. Le véritable Observateur créateur et donneur de formes est Dieu seul, qui étudie sa création corporelle et matérielle précisément en l'observant à travers l'œil de l'homme. Plotin enseignait que Dieu crée l'univers en le contemplant ; par conséquent, nous devons déclarer que Dieu crée la forme humaine, l'incarnation de la manifestation universelle, exactement par le même acte d'attribution de forme que l'observateur humain utilise pour effondrer la fonction d'onde – parce que si nous ne plaçons pas Dieu hiérarchiquement au-dessus de l'humanité en tant que Premier Observateur et Créateur, alors l'Homme devient Dieu, et la seule chose que l'Homme peut être lorsqu'il usurpe la fonction de Dieu est un magicien – un magicien qui appellera inévitablement des Principautés et des Pouvoirs impies pour le soutenir, tout comme Jack Parsons l'a fait. En d'autres termes, si nous ne prolongeons pas l'axe de la causalité verticale jusqu'au Logos lui-même, nous commettrons la transgression prométhéenne.

Cette causalité verticale est représentée graphiquement par William Blake dans des images significatives. La première montre le physicien (Newton) introduisant l'ordre et la mesure dans le monde de la *potentia* ; la seconde montre Dieu créant l'univers terrestre exactement par la même méthode, et ce faisant, tissant le voile de *Maya*, un mot dérivé de la racine sanskrite *ma* (apparentée au grec *meter*) signifiant « mesurer ».[101]

Le physicien qui introduit la mesure dans le chaos de la *potentia* matérielle et la figure du Dieu qui crée les univers

[101] Il faut vraiment voir ces peintures : *Newton* (1795), impression couleur à la plume et à l'encre et aquarelle et *L'Ancien des Jours* (1794), encre sur papier, les deux sur https://www.posterlounge.fr/artistes/william-blake/.

corporel et matériel sont représentés comme *penchés* pour indiquer que le monde corporel sensuel et le monde matériel sub-sensuel, bien qu'ils soient certainement réels, sont créés par une *contraction* de la conscience et une limitation imposée à la plénitude de l'Être. De même, *Maya* n'est pas une pure illusion – comme le décrivent traditionnellement les Hindous, elle est « comme une corde prise pour un serpent » – mais une *modification* radicale de la plénitude de l'Être par le processus de mesure, qui ne devient une illusion réelle que lorsque nous la prenons pour tout ce qui est.

La création du monde conçue comme l'union de la *forma* et de la *materia* pour produire la forme substantielle n'a pas été inventée par Aristote ; elle est clairement exposée dans le premier chapitre de la Genèse : « Au commencement, Dieu créa les cieux et la terre » (*forma* et *materia*). « La terre était informe et vide, et il y avait des ténèbres à la surface de l'abîme » (l'existence terrestre n'était à l'origine qu'une *potentia*). « L'Esprit de Dieu se mouvait à la surface des eaux » (l'Esprit étant le souffle du Verbe créateur et donneur de formes). Au cours des cinq premiers jours de la création, l'union de la *forma* et de la *materia* était incomplète ; elle n'a été achevée que le sixième jour avec la création de la forme humaine, qui porte l'*imago dei*, et qui est donc la forme substantielle complète – celle qui, seule de toutes les créatures, possède le pouvoir de participation à Dieu en tant qu'Acte pur, qui est la parfaite actualisation dans l'Éternité de la *potentia* universelle. Quant au septième jour où Dieu s'est reposé de son travail, il est celui de son activation de la fonction contemplative dans l'homme ; le pouvoir qui nous permet de percevoir la création dans son ensemble, et donc de contempler son Créateur ; la faculté qui nous libère des limitations de l'existence dimensionnelle relative à la créature et nous engage sur la voie du retour à notre Source divine.

Charles Upton

CHAPITRE VI

LA MESURE DES CHOSES

La physique quantique et la redécouverte du sens

Introduction

Wolfgang Smith était un philosophe au sens propre du terme. Il aimait la sagesse et recherchait avant tout l'intelligence des choses. Il alliait une rare envergure intellectuelle à une quête permanente de la vérité. Né en 1930, il obtint trois diplômes à Cornell – en mathématiques, physique et philosophie – avant l'âge de 18 ans. Il poursuivit ses études et obtint une maîtrise en physique à Purdue et un doctorat en mathématiques à Columbia. Après avoir terminé ses études, il contribua à la résolution du problème de la rentrée des vols spatiaux dans l'atmosphère et occupa des postes universitaires au MIT et à l'UCLA avant de s'installer finalement à l'université d'État de l'Oregon, où il pouvait concilier l'enseignement et la retraite dans son domicile montagnard pour étudier les traductions de Platon par Thomas Taylor.

Parmi les autres moments marquants de la vie de Smith, citons sa fuite de la Seconde Guerre mondiale à travers la Russie alors qu'il était enfant, sa rencontre avec Albert Einstein dans son adolescence et son voyage dans l'Himalaya lorsqu'il était jeune homme, à la recherche de la sagesse des sadhus qu'il avait découverts pour la première fois à Cornell dans la poésie de Rabindranath Tagore. Finalement, il a rencontré et épousé sa femme bien-aimée, Thea, également mathématicienne et chercheuse. C'est grâce à « l'influence silencieuse et spirituellement édifiante de Thea » que Smith a retrouvé ses racines chrétiennes et approfondi la vision ontologique qui allait définir l'œuvre de sa vie.

À la fin des années 1940, lorsque Smith entra à Cornell, la mécanique ondulatoire de Schrödinger était établie depuis deux décennies et la physique était largement considérée comme la clé de la réalité pour les philosophes. Lorsqu'on lui demanda pourquoi il avait choisi la physique, Smith répondit simplement : « *Parce que je crois que la physique est la clé à l'intelligence de l'univers.* »[102] Pourtant, comme il s'en rendit compte plus tard, le voyage prit une tournure différente :

> Or, je ne le pense plus, et je suis en fait convaincu que c'est exactement le contraire : pour comprendre la physique, il faut d'abord acquérir une certaine compréhension de l'univers, une compréhension ontologique, pour être précis.[103]

Ce retournement – commencer par la physique comme porte d'entrée, mais y trouver un indice plus profond vers l'ontologie – représente bien la trajectoire de sa pensée. La physique ne lui a jamais fourni la réponse finale, mais elle a laissé des traces, des signes qui, pris ensemble, suggéraient une conclusion surprenante : *le cosmos est ordonné non seulement selon le nombre, mais aussi selon le sens.*

Cette recherche précoce de réponses à travers la physique l'a conduit à des idées qu'il a ensuite distillées en réfléchissant à son premier livre :

> Ce à quoi je m'oppose fondamentalement dans la vision scientiste du monde, c'est qu'elle conçoit l'univers objectif d'une façon qui le rend imperçu et imperceptible.[104]
>
> Le fait décisif est que le cosmos n'est pas suspendu dans le vide : il ne peut en réalité l'être, pas même un instant. (*ibid.* p. x)

---

[102] Préface à *Physics: A Science in Quest of an Ontology,* 1ère éd., p. xi
[103] *Ibid.*
[104] Préface à la troisième édition de *Cosmos & Transcendence,* p. ix

Cet essai suit le cheminement de Smith : il retrace comment sa critique du scientisme, ses catégories de corporel, subcorporel et transcorporel, et sa vision chrétienne du cosmos comme icône éclairent ensemble la raison pour laquelle ce que découvre la physique elle-même n'est pas un monde de quantités brutes, mais un monde imprégné de sens.

Nous commencerons par les idées fondamentales de Smith avant de nous intéresser à l'acte de mesure classique (le bureau), à la mesure quantique (l'électron) et aux origines de la quantification (Planck). À partir de là, nous examinerons les interprétations modernes de la mécanique quantique, nous nous demanderons pourquoi l'observateur tend à disparaître, puis nous nous tournerons vers la tradition culturelle plus ancienne – avant tout l'Église – qui a cultivé la grammaire du signe et du signifié sans laquelle la science elle-même n'aurait pu prendre son essor.

Certains détails techniques de la physique sont inévitables, mais nous les garderons aussi simples que possible. Les lecteurs qui ne s'intéressent pas aux équations peuvent survoler ces passages et parvenir malgré tout au cœur de la pensée de Smith, à savoir que le cosmos n'est pas fermé sur lui-même, mais ordonné par le nombre et le sens, le signe et le signifié, le logos de la raison et le *Logos* de la Parole divine.

Science et scientisme

Il est facile de prendre Smith pour un critique de la science, mais sa critique n'a jamais visé la science elle-même : il l'aimait, célébrait sa précision et l'enseignait au plus haut niveau. Ce qui le préoccupait, c'était une hypothèse métaphysique que traîne souvent la science avec elle sans qu'elle soit remarquée : la croyance que la mesure quantitative est la seule source de vérité objective et que seul ce qui peut être mesuré peut être considéré comme réel.

Lorsque nous parlons de ce qui est réel, nous parlons d'ontologie : la branche de la philosophie qui se demande *quels genres de réalités existent et comment elles sont liées les unes aux autres.* Au cœur de la philosophie à une certaine époque, l'ontologie passa largement de mode, pour être remplacée par des questions techniques plus terre à terre. Pour Smith, cependant, l'ontologie n'était pas dépassée. Il se considérait comme ontologiste au sens classique du terme, c'est-à-dire quelqu'un qui étudie la nature et la structure de ce qui est, de la réalité en soi.

Au XXe siècle, l'abandon de l'ontologie en physique avait atteint, selon Smith, un niveau de crise. Il citait souvent le physicien Nick Herbert, qui remarquait que la physique moderne avait « perdu son emprise sur la réalité ». Il ne voulait pas dire par là que la physique avait perdu sa rigueur, mais qu'elle ne semblait plus nous dire ce qu'est le monde, seulement quels chiffres on pouvait attendre de nos instruments.

Pour Smith, il ne s'agissait pas d'un échec de la physique, mais d'un rappel de ce qu'elle est réellement : la science de la mesure. Son grand pouvoir réside dans sa capacité de quantifier les relations avec une précision étonnante. Le problème survient lorsque nous supposons que seul ce qui peut être mesuré a une réalité objective, et que ce qui ne peut être mesuré est en quelque sorte irréel. En d'autres termes, le scientisme confond le signe et le signifié. Les chiffres et les modèles, au lieu d'être des ponts vers la réalité, sont pris pour la réalité elle-même.

Pour nous aider à comprendre cet oubli, Smith a distingué deux mondes. Le *monde corporel* est le monde tel qu'il s'offre à une expérience de perception vécue : la tasse de café sur le bureau, sa couleur, sa chaleur, sa présence dans sa totalité. Le *monde physique* est le monde tel que le physicien le voit au travers du filtre des mesures et des équations, un monde de particules, de forces et de champs, dépouillé de qualités sensibles pour mettre l'accent sur les dimensions.

Cela peut rappeler à certains lecteurs la célèbre distinction de Descartes entre *res cogitans* et *res extensa,* l'esprit et la matière. Mais le propos de Smith était différent. Il ne rouvrait pas un dualisme, mais le corrigeait. Le monde physique n'est pas la totalité du réel, mais un aspect parmi d'autres dans une hiérarchie de l'être à plusieurs niveaux, différent du monde corporel dans lequel nous vivons réellement.

Beaucoup de lecteurs trouveront les idées de Smith difficiles à accepter, ce qui est compréhensible. Elles vont à l'encontre de plus de quatre siècles de préjugé occidental. Depuis Descartes, nous avons été formés à considérer le « monde réel » comme le monde des équations et des dimensions, tandis que le monde de la perception vécue est rejeté comme « simple apparence ». Je peux dire par expérience que cela n'a pas été facile pour moi non plus. Je suis titulaire d'un doctorat en sciences et j'ai passé deux ans en conversation hebdomadaire avec Wolfgang Smith en personne. Même à cette époque, j'avais du mal à comprendre ce qu'il entendait vraiment par « corporel » par opposition à « physique ».

Ce n'est que progressivement que j'ai compris comment Smith nous encourage à ne perdre ni le corporel dans le physique, ni le physique dans le corporel. Les deux sont réels, mais distincts. Son objectif est de retrouver une compréhension plus traditionnelle et plus nuancée de la réalité tout en préservant pleinement l'intégrité de la science. Loin de rejeter la science, il cherchait à la protéger. Car le scientisme, prévenait-il, menace en fin de compte la science elle-même. En réduisant le réel à ce qui peut être mesuré, le scientisme sape le fondement même de l'intelligibilité : la conviction que le monde a un sens et que par conséquent il vaut la peine d'être étudié.

Mesurer le bureau

Plutôt que de nous lancer directement dans les électrons et les quanta, nous commençons par quelque chose d'apparemment simple : mesurer la largeur d'un bureau. Étirons dessus un mètre ruban : *74, 5 cm.* – geste que n'importe qui peut reproduire, mais qui est déjà chargé de sens.

Figure 1 : Mesurer un bureau : l'ensemble corporel (le bureau), le système de mesure (le mètre ruban) et le lecteur humain révèlent ensemble la puissance subcorporelle de la largeur.

Chaque mesure implique trois éléments : l'objet mesuré (le bureau), l'appareil (le mètre ruban) et une personne qui effectue l'action et perçoit le résultat. Le bureau, le mètre ruban et les chiffres appartiennent tous à la première catégorie de Smith, le *corporel, c'est-à-dire* les entités directement perceptibles sans médiation théorique.

Mais qu'en est-il de la « largeur » elle-même ? À un certain niveau, vous pouvez la percevoir directement : l'étendue du bureau est visible, traçable à la main, voire embrassable à bras tendus. C'est la réalité corporelle. Pourtant, le chiffre *74,5 cm* ne se trouve pas simplement dans le bois. Il provient d'une autre strate du monde physique, que Smith appelait le *subcorporel* : une dimension invisible de quantifiabilité liée aux objets corporels. Ce chiffre n'est pas un autre objet à côté du bureau ; il n'apparaît que lors de l'acte de mesure.

La caractéristique principale de ces potentialités classiques est leur *déterminisme.* Le bureau a réellement une largeur définie, que quelqu'un la mesure ou non. Cette dimension cachée, mais déterminée, le subcorporel, se concrétise lorsque la personne, le bureau et le mètre ruban sont mis en relation. La mesure ne crée pas la largeur *ex nihilo* ; la potentialité est déjà fixée dans le bureau corporel. Ce que la mesure crée, c'est le chiffre visible – le signe – qui révèle cette potentialité sous une forme lisible.

Les recherches du psychologue James J. Gibson sur la perception visuelle sont suggestives à cet égard et méritent d'être mentionnées en raison de leur importance pour Smith. Alors que de nombreuses théories traitent la perception comme une construction – un modèle interne assemblé par le cerveau à partir de données sensibles brutes –, Gibson soutient au contraire que la perception est un dévoilement. Le monde présente des propositions, des invitations réelles, mais invisibles, telles que l'occasion de saisir ou d'escalader, qui se concrétisent dans l'action. Pour Smith, cela correspondait rigoureusement à la dimension subcorporelle. Tout comme la largeur quantifiable d'un bureau existe en tant que potentialité déterminée attendant d'être mesurée, ainsi existe une possibilité en tant que potentialité déterminée attendant d'être actualisée. Les travaux de Gibson ont ainsi renforcé la conviction de Smith selon laquelle la perception est un dévoilement, et non une construction.

Le nombre lui-même, le « 79,5 cm » visible, est un *signe.* Ce qu'il signifie, c'est la potentialité de la largeur quantifiable, invisiblement ancrée dans le bureau, mais non identique à celui-ci. Le signe n'est jamais le signifié. Le scientisme confond les deux : il prend le nombre pour la largeur.

Cela peut sembler banal à l'échelle d'un bureau, mais considérons les lois du mouvement de Newton. Les signes étaient corporels : les positions observées de Mars, minutieusement enregistrées par Tycho Brahe. Le signifié était la potentialité cachée de l'ordre orbital, décrite par Kepler et Newton. Les équations de Newton ont permis aux astronomes de prédire la position de Mars des décennies à l'avance. Mais ce n'étaient pas les lois qui faisaient bouger Mars ; elles étaient une grammaire médiatisant entre les marques observées et les potentialités invisibles.

Ici, la tentation du scientisme devient flagrante : traiter le modèle comme le fondement même de la réalité. On parle de la « loi de l'inverse du carré » comme s'il s'agissait de la force, plutôt que d'un formalisme servant de médiateur entre signes visibles et potentialités invisibles.

Smith résiste à cette simplification. Il insiste sur le fait que les signes restent des signes et que les potentialités invisibles restent distinctes. Dans la science classique, cette distinction était facile à négliger, car les potentialités étaient déterminées et reproductibles. Un matérialisme prometteur, l'espoir que des instruments plus précis combleraient un jour cette lacune, maintenait l'illusion intacte. Mais la mécanique quantique allait briser cette illusion.

Mesurer l'électron

Si le bureau nous représentait le modèle classique – une potentialité invisible, mais déterminée, ancrée dans un tout visible, et dévoilée par un signe visible –, l'électron nous montre quelque chose de nouveau : une potentialité invisible et indéterminée, qui ne devient déterminée que dans l'acte de mesure, où elle est également dévoilée par un signe visible.

Prenons l'exemple familier de l'expérience de la double fente. Un flux d'électrons est dirigé vers un écran comportant deux fentes. De l'autre côté, un détecteur enregistre l'endroit où chaque électron atterrit. Ce que nous observons réellement, ce sont des points, des marques corporelles sur l'écran de détection. L'électron lui-même n'est jamais visible, seules les marques apparaissent.

La théorie, cependant, décrit quelque chose de plus étrange. Chaque essai ne produit qu'un seul point, mais le modèle insiste sur le fait que ce qui « se passe réellement » est une superposition de type ondulatoire qui se propage simultanément à travers les deux fentes. Le modèle s'exprime en probabilités fluides, tandis que l'appareil fournit des marques discrètes. Ce n'est qu'après des centaines ou des milliers d'essais que le motif statistique des points ressemble aux franges d'interférence prédites par le modèle ondulatoire. Ce décalage entre le formalisme continu et les signes corporels discrets est la marque distinctive de la mesure quantique.

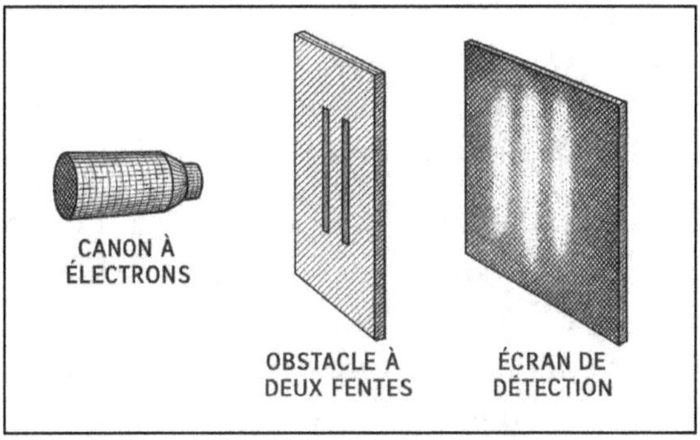

Figure 2. Mesure quantique : l'électron lui-même reste invisible ; le seul signe corporel est le point enregistré sur l'écran de détection.

Le contraste avec le bureau est frappant. La largeur du bureau appartient au subcorporel : une potentialité cachée, mais déterminée d'un tout corporel. L'électron résiste à un tel ancrage. Son « où » ou son « à quelle vitesse » ne sont pas simplement des propriétés cachées qui attendent d'être dévoilées ; elles sont indéterminées jusqu'à l'acte de mesure.

Smith clarifie ici un autre niveau du physique, distinct du subcorporel : le *transcorporel.* Il ne s'agit pas de potentialités invisibles liées à des objets visibles. Il s'agit plutôt de structures formelles abstraites : fonctions d'onde, espaces de Hilbert, amplitudes de probabilité. Elles organisent ce qui est physiquement possible, mais n'appartiennent pas elles-mêmes à l'ordre corporel. Elles vivent dans l'espace de la théorie, mais elles limitent les marques corporelles qui peuvent apparaître dans les mesures quantiques.

Les trois niveaux peuvent désormais être considérés ensemble :

- *Corporel (X)* : objets formés directement perceptibles, y compris les symboles visibles qui mettent fin à la mesure.
- *Subcorporel (SX)* : puissances imperceptibles, mais déterminées et quantifiables, ancrées dans des ensembles matériels.
- *Transcorporel (T)* : entités décrites uniquement par des équations – fonctions d'onde, espaces de Hilbert, probabilités – non directement perceptibles, mais indispensables pour prédire la distribution des marques corporelles.

La notation de Smith est instructive ici. Les objets corporels sont symbolisés par X. Les entités subcorporelles sont symbolisées par SX pour indiquer qu'une potentialité subcorporelle SX est toujours liée à un objet corporel X. Une entité transcorporelle T, en revanche, n'est pas désignée par TX, car elle n'est ancrée à aucun tout corporel. La largeur du bureau (SX) existe parce qu'elle est liée au bureau (X). La fonction d'onde de l'électron n'est pas la propriété cachée d'un objet visible, c'est une structure de possibilité en soi.

La mesure quantique implique toutefois toujours un X et un SX, mais pas ceux de l'électron. Dans le cas de la position de l'électron, le X est l'écran de détection et le SX est la potentialité des positions possibles sur cet écran. Le point que vous voyez est la potentialité de l'écran qui s'actualise, sous la contrainte de la fonction d'onde de l'électron. Un retour à la figure 2 souligne que les seules marques observables dans l'expérience de la double fente sont les marques sur l'écran de détection. Personne n'observe jamais l'électron d'une quelconque manière, à part la marque sur l'écran de détection.

La similitude avec le bureau montre une continuité : la mesure aboutit toujours à un signe corporel. La différence signale la nouveauté : le chiffre de la règle dénote ce qui était déterminé d'entrée, tandis que le point de l'électron dévoile ce qui ne devient déterminé que dans l'acte de mesure.

Avec le bureau, la mesure révèle ce qui était déjà fixé ; avec l'électron, la mesure participe à le rendre définitif. La mécanique quantique inaugure un nouveau modèle : l'invisible reste indéterminé jusqu'à l'acte même de la mesure, où il est transfiguré en une marque déterminée.

Et pourtant, dans les deux cas – le bureau comme l'électron –, la structure de la science converge vers le même point : un signe corporel. Qu'il s'agisse d'un nombre inscrit sur une règle ou d'un point lumineux sur un écran de détection, chaque acte scientifique aboutit à une marque visible.

Le problème de Planck : la naissance des quanta

C'est cette dépendance aux marques corporelles qui a poussé la physique, à l'aube du XXe siècle, vers des territoires inexplorés. Dans l'étude de la chaleur rayonnante, les spectres expérimentaux fluides ne pouvaient être conciliés avec les modèles théoriques fluides.

Les expériences sur les « corps noirs » (des cavités chauffées jusqu'à incandescence) produisaient de magnifiques spectres continus de lumière colorée. Ces spectres étaient les signes : des marques corporelles de luminosité à chaque longueur d'onde, soigneusement enregistrées. Selon la théorie classique, le signifié était continu : les oscillateurs dans les parois de la cavité échangeaient de l'énergie de manière régulière. Mais les signes refusaient de s'aligner. L'équipartition classique exigeait une augmentation infinie de l'énergie aux courtes longueurs d'onde : la « catastrophe ultraviolette ».

L'« acte désespéré » de Planck consista à rompre la continuité. Il partit du principe que les oscillateurs ne pouvaient échanger de l'énergie que sous forme de paquets discrets, des quanta proportionnels à la fréquence. D'un seul coup, les infinis disparurent et les signes furent en concordance avec le modèle. Au début, il considéra cela comme une astuce mathématique, mais avec le recul, nous voyons ce que cela révélait : non pas des instruments défectueux, mais un nouveau phénomène naturel. Les marques corporelles ne pouvaient être réconciliées avec la continuité. Pour les interpréter correctement, il fallait reconnaître leur caractère discret. Et le fait que cela fut clair dans le cas quantique jeta un éclairage rétroactif sur le cas classique : ce qui semblait être une continuité fluide était en soi déjà un dévoilement à travers des potentialités déterminées, et non une transparence absolue de la nature.

Il est important de noter que ce caractère discret n'est pas universel. La quantification ne se révèle que dans des conditions spécifiques :

1. Systèmes avec des états discrets autorisés (oscillateurs, électrons liés).
2. Énergie échangée entre ces états.
3. Appareils suffisamment sensibles pour enregistrer des événements individuels comme des marques irréversibles.

Lorsque ces conditions sont réunies, la quantification n'est pas seulement un outil de modélisation, mais une révélation ontologique. Einstein l'a confirmé avec les photons, Bohr avec les sauts d'atomes, de Broglie avec les ondes de matière, Schrödinger avec les niveaux d'énergie quantifiés. Ce qui avait commencé comme une solution *ad hoc* de Planck est devenu la reconnaissance d'un ordre réel de ce qui est.

C'est là que réside la tentation. Une fois que le caractère discret est repéré dans un coin, le scientisme nous pousse à aplatir la totalité de la nature par quantification. Mais Smith montre pourquoi c'est une erreur. La quantification n'est pas un principe universel ; c'est un niveau de l'être dévoilé dans des conditions particulières. En dehors de ces conditions, la nature reste continue dans son mode de dévoilement.

La mécanique quantique n'a pas créé le fossé entre le signe et le signifié ; elle l'a rendu impossible à ignorer. Ce qui s'est effondré, ce n'est pas la fonction d'onde, mais l'illusion — nourrie par le scientisme — selon laquelle seul le raffinement de la mesure horizontale pouvait combler le fossé entre le signe et le signifié. Ce qui remplace l'effondrement, c'est ce que Smith appelle *la causalité verticale :* le passage ontologique de la potentialité à l'acte.

Interprétations modernes et tentations ontologiques

Une fois la quantification acceptée, les physiciens ont été confrontés à une question plus profonde : comment interpréter la signification des équations. Trois écoles de pensée ont émergé, chacune aplanissant la distinction à sa manière.

L'interprétation de Copenhague traita la fonction d'onde non pas comme une réalité, mais comme un outil prédictif. L'effondrement était une opération comptable, une règle permettant de mettre à jour les attentes. La tentation ici est d'effondrer le signe dans le signifié, aplatissant le transcorporel en un simple calcul.

À l'inverse, *la théorie des mondes multiples* a complètement supprimé l'effondrement. Chaque résultat possible se produit en réalité dans des univers parallèles. Le point que vous voyez est réel, mais tous les autres points que vous ne voyez pas le sont également. La tentation ici est de préserver la causalité horizontale en multipliant les mondes, effaçant ainsi la causalité verticale, l'étape par laquelle la potentialité devient acte.

Les théories des variables cachées, privilégiées par Einstein puis par Böhm, insistaient sur le fait que l'indétermination quantique devait dissimuler un déterminisme plus profond. Le point sur l'écran était traité comme s'il ne faisait que masquer une potentialité déterminée toujours présente. La tentation ici est à nouveau de réduire le signe au signifié. Pourtant, les expériences – le théorème de Bell et les tests d'Alain Aspect – ont montré qu'un tel niveau caché ne pouvait exister.

Malgré leurs différences, ces interprétations partagent un aplatissement commun. Certaines confondent le signe et le signifié, d'autres nient cette confusion, d'autres encore postulent une détermination cachée. Dans chacune d'elles, l'observateur s'efface. Soit les équations suffisent, soit les mondes parallèles prennent le relais, soit les variables cachées font le travail.

Smith résiste aux trois. Il insiste sur le fait que le corporel, le subcorporel et le transcorporel sont ontologiquement distincts ; que l'acte de mesure n'est pas un obstacle, mais le lieu où ils se rencontrent ; et que le mesureur humain est intégré, et qu'on ne peut s'en dispenser. Pour Smith, le véritable effondrement n'est pas celui de la fonction d'onde, mais celui de l'illusion scientiste selon laquelle la causalité horizontale seule pourrait expliquer la mesure.

L'observateur qui disparaît

Comparons la mesure d'un bureau à la description par les physiciens de la mesure d'un électron. Dans le premier cas, le rôle de l'acteur humain est explicite : une personne tend le mètre ruban, lit l'échelle et enregistre le chiffre. Le signe corporel – « 74, 5 cm » – est indissociable de cet acte incarné.

Dans le cas de l'électron, l'acteur humain disparaît. Les schémas montrent un canon à électrons, des fentes et un écran de détection. Les points apparaissent comme s'ils étaient générés automatiquement, comme si les marques se lisaient d'elles-mêmes. Pourtant, en réalité, chaque expérience nécessite quelqu'un pour recevoir et enregistrer les résultats.

Pourquoi la science exclut-elle l'observateur ? Quatre raisons convergent :

1. *La recherche de l'objectivité.* La science promettait des connaissances qui resteraient valables, quel que soit l'observateur. Les marques détachées de l'observateur humain semblaient plus sûres, plus universelles.

2. *La bifurcation cartésienne.* Le cartésianisme a divisé la réalité en *res extensa* (matière étendue) et *res cogitans* (substance pensante). La science a revendiqué la première et mis la seconde entre parenthèses : ce qui était mesurable était réel ; ce qui était conscient, accessoire.

3. *Le prestige des équations.* À partir de Newton, les lois mathématiques sont devenues la grammaire de la science. Leur élégance résidait dans l'effacement de la particularité. Les fonctions d'onde de Schrödinger, comme les lois de Newton avant elles, s'expriment comme si personne n'était là pour lire les signes.

4. *L'attrait de l'autonomie.* Les instruments semblent « lire directement la nature ». Pourtant, les chiffres qu'ils produisent ne s'interprètent jamais d'eux-mêmes ; sans personne pour les recevoir, ils restent des marques sur le papier ou des points sur un écran.

Cette exclusion n'est pas seulement une convention artistique. Elle est inhérente à la migration des marques observées vers des formalismes abstraits. L'observateur s'est effacé, passant des carnets de notes à l'arrière-plan, puis aux équations.

Pour Smith, il s'agissait de plus que d'une dérive sociologique : c'était une erreur métaphysique. Toute mesure nécessite un observateur. Chaque marque corporelle est un signe qui doit être lu. Omettre l'humain, c'est omettre l'acte même par lequel la potentialité devient acte, l'invisibilité devient visibilité.

L'effondrement du scientisme

Chaque acte scientifique, de la mesure du bureau à celle des électrons, aboutit à un résultat identique : un signe corporel. Un chiffre écrit, un point sur un écran, une trace sur une plaque : sans ces marques visibles, il n'y a pas de science. Elles sont les ancres de la connaissance, le point de rencontre entre le potentiel et l'acte.

Mais les marques ne s'interprètent jamais elles-mêmes. Elles sont lues à travers des modèles, des grammaires formelles qui servent de médiateurs entre le visible et l'invisible. Certains cartographient des potentialités déterminées (subcorporelles), d'autres des possibilités indéterminées (transcorporelles). Dans tous les cas, les modèles sont des ponts, pas des terrains.

Confondre le signe et le signifié, prendre le modèle pour la réalité, c'est du scientisme. Dans la science classique, cette confusion pouvait passer inaperçue, car les potentialités étaient déterminées. En physique quantique, c'est impossible : le point n'est pas la révélation d'une détermination cachée, mais l'événement même par lequel la potentialité devient acte. La mécanique quantique dévoile ce qui a toujours été vrai : la science vit de la distinction.

Les catégories de Smith clarifient ici les choses : le corporel, le subcorporel et le transcorporel sont des strates distinctes, reliées non pas par une continuité horizontale, mais par une causalité verticale. Si nous oublions cela, nous réifions les modèles, multiplions les mondes ou nions l'effondrement. Si nous nous en souvenons, les pièces du puzzle s'assemblent.

De l'effondrement à la responsabilité de gardien[105]

Il reste une question culturelle : comment préserver la distinction entre le signe et le signifié ? Comment y sommes-nous parvenus et comment résister à son effondrement ?

Dès ses débuts, l'Église a insisté sur le fait que les réalités visibles ne constituent pas la totalité. Sa vision sacramentelle a entraîné l'imagination à voir les choses visibles non pas comme des idoles qui enferment, mais comme des icônes qui s'ouvrent sur ce qu'elles signifient. Le pain et le vin ne sont pas « simplement » du pain et du vin ; ils révèlent une réalité plus profonde. C'était là l'ontologie : le monde est composé de signes qui révèlent et dissimulent à la fois, qui doivent être interprétés et qui participent à ce qu'ils révèlent.

En préservant cette grammaire du signe et du signifié, l'Église a sauvegardé la personnalité humaine. Contre les empires qui réduisaient les personnes à des instruments, elle proclamait que chaque être humain était *imago Dei*, un être visible signe de Dieu invisible. Contre les philosophies qui dissolvaient la réalité dans l'abstraction, elle défendait la création comme rayonnante de sens.

Cette grammaire est devenue le terreau de la science. Les universités médiévales, nourries par l'Église, ont cultivé la lecture disciplinée du Livre de la Nature parallèlement aux Écritures. La mesure, les mathématiques, l'expérimentation ont pu s'épanouir parce que le monde était ouvert au sens.

Lorsque Copernic, Galilée et Newton ont mathématisé la nature, ils l'ont fait dans le cadre de cette imagination culturelle. Kepler se qualifiait lui-même de « prêtre du Livre de la Nature ». Galilée disait que ce livre était écrit en

[105] Sous-titre en anglais : « From Collapse to Custodianship », où le terme anglais *custodianship* signifie plus que simplement « garde » ; en jeu la fonction de gardien, de protecteur, de responsable (souvent avec une nuance éthique ou spirituelle).

mathématiques, mais il n'a jamais confondu les chiffres avec la réalité elle-même. Newton considérait les lois comme des signes de l'ordre divin. Le terreau théologique a nourri l'arbre scientifique.

Pourtant, la tentation de confondre le signe et le signifié n'a jamais disparu. Tandis que la théologie perdait du terrain, la science hérita du rôle de médiateur. Les lois se sont durcies en forces, les modèles en ontologie, et le cosmos lui-même a été traité comme une idole : fermé sur lui-même, autosuffisant, régi uniquement par la causalité horizontale.

L'icône cosmique

C'est là que Smith revient dans la narration pour nous rappeler ce qui a été oublié. Sa hiérarchie met en évidence un fait décisif : « le cosmos n'est pas seul ».

Par « cosmos », Smith entend l'ensemble ordonné de la réalité telle qu'elle nous est révélée : un monde mesurable, perceptible et signifiant. Le cosmos comprend les étoiles et les particules, mais aussi la couleur, la chaleur, la beauté, la signification.

Pour Smith, le cosmos n'est pas une idole, mais une icône. Il n'est pas fermé, mais ouvert, transparent à ce qui le transcende. Il ne s'agit pas de métaphore, mais d'ontologie : les réalités visibles signifient et participent à des ordres invisibles.

Un cosmos vu comme une idole s'attend à ce que chaque mystère, y compris le problème de la mesure, soit résolu par des équations. Un cosmos vu comme une icône sait recadrer le mystère. La fonction d'onde ne s'effondre pas mathématiquement, car la transition est verticale – de la potentialité à l'acte, de l'invisible au visible. La révélation nécessite un participant.

Smith a représenté cela sous la forme d'un cercle, le centre étant la source transcendante, la circonférence : le monde corporel, l'intérieur : les potentialités invisibles, et les rayons : les actes de dévoilement.

Dans cette géométrie, l'être humain est indispensable, participant à toutes les dimensions : corporel dans son corps, subcorporel dans sa perception, transcorporel dans son intellect. La mesure n'est ni une manipulation ni une réception passive, mais une réciprocité : l'être humain a une intention, le monde répond par un signe, et l'être humain le regarde pour en comprendre le sens. Le cosmos, dans cette optique, est une icône cosmique : une réalité qui se révèle et attire l'esprit au-delà de lui-même, une fenêtre sur le *Logos.*

Le catholique quantique

Nous pouvons maintenant comprendre ce que Smith voulait dire lorsqu'il affirmait que pour comprendre la physique, il fallait d'abord acquérir une vision ontologique. Sa propre relation avec la physique est devenue une illustration de l'icône cosmique, la physique lui révélant l'ordre dans les nombres, mais dans son intelligibilité, le renvoyant à l'Intelligence elle-même.

C'est pourquoi il est approprié de considérer Wolfgang Smith comme le catholique quantique. Il a refusé la rivalité fallacieuse entre science et foi. La physique n'est ni l'ennemie de la théologie ni son remplacement, mais une passerelle, un signe renvoyant au *Logos.* C'est précisément ce que le scientisme a déformé, avec la tentation de confondre le signe et le signifié, le nombre et la réalité, le cosmos et l'idole, la physique et le *Logos.*

Contre cette distorsion, Smith a rétabli la conviction que le cosmos n'est pas de la matière autosuffisante, mais une réalité hiérarchisée, ordonnée par les nombres et le sens. Ses catégories n'étaient pas une taxonomie, mais une métaphysique chrétienne : une causalité verticale dans laquelle les signes participent de ce qu'ils signifient.

Il ne se contentait pas d'interpréter la théologie à travers la physique ou la physique à travers la théologie. Il habitait leur union, montrant que le fait décisif – que le cosmos n'est pas seul – n'était pas une abstraction, mais une réalité vécue : science et sacrement, logos et Logos, révélation et transcendance réunis.

Logos et communion

L'invitation de Smith est claire : retrouver une vision dans laquelle la science et la religion, la mesure et l'être, ne sont pas en rivalité, mais en communion.

Dans la vision sacramentelle de l'Église, cette union était déjà donnée et est devenue le terreau dans lequel la science s'est développée. Les signes n'étaient pas des substituts, mais des participations. La matière était rayonnante. L'action de la mesure elle-même est devenue médiation. La physique a révélé les nombres ; l'Église a révélé le sens. Ensemble, elles ont formé une communion d'intelligibilité et d'Intelligence – logos et Logos.

Smith a écrit un jour :

> Quelle révélation indiciblement joyeuse que de découvrir qu'au lieu d'une matière brute errant dans l'espace sans but, le monde est en vérité rempli de sons et de couleurs, ainsi que d'une multitude d'autres qualités sensibles : qu'il s'agit en fait du monde même que les artistes ont peint et que les poètes ont chanté… habité par des êtres que nous pouvons percevoir, avec lesquels nous pouvons communiquer et que nous pouvons aimer.[106]

Cela nous ramène au début. La physique a été la porte d'entrée de Smith, mais elle a pointé au-delà d'elle-même. Le cosmos n'est pas isolé. Chaque équation, chaque expérience,

[106] Trois hérésies scientistes, p. 6

chaque marque témoigne non seulement d'un nombre, mais aussi d'une signification.

Dire que le cosmos est ordonné non seulement par les chiffres, mais aussi par le sens, ne revient pas à diminuer la science, mais à la restaurer. Les chiffres révèlent l'ordre ; le sens révèle l'intelligibilité. Ensemble, ils renvoient au-delà d'eux-mêmes vers le *Logos* dans lequel ils subsistent.

C'est là, enfin, la véritable mesure des choses : la science restaurée dans l'émerveillement, la religion restaurée dans la médiation, le petit logos restauré au *Logos*.

Et pourtant, nous savons, avec Augustin, qu'une telle reconnaissance vient souvent tardivement. « Trop tard je t'ai aimée », confessait-il, prenant conscience de la beauté qui l'avait toujours soutenu. Notre culture se trouve dans une position similaire : elle réalise tardivement qu'en perdant la grammaire du signe et du signifié, elle a mis en péril non seulement la foi, mais aussi la science elle-même. Wolfgang Smith nous invite à retrouver ce qui a toujours été là: le cosmos n'est pas seul, mais brille comme une icône, rayonnant de sens, s'ouvrant sur le *Logos*.

Épilogue : la recherche d'un centre stable

Pour que les idées de Smith aient un sens aujourd'hui, elles doivent également tenir compte de l'état d'esprit culturel actuel, celui d'une génération qui oscille entre le désir de sincérité et la méfiance envers tous les grands récits. Cette oscillation culturelle est souvent décrite par le terme « *métamodernisme* ». Le métamodernisme hérite de la critique postmoderne, qui a mis en évidence la fragilité des grands récits et démasqué le pouvoir caché des institutions. Mais contrairement au postmodernisme, il ne se contente pas de l'ironie ou de la déconstruction. Il aspire à la cohérence, à la sincérité, voire au sacré, tout en restant profondément conscient de la contingence.

En ce sens, le métamodernisme considère la science non pas comme un arbitre incontestable de la vérité, mais comme un grand récit parmi d'autres, soumis à la même fragilité et au même soupçon. En même temps, il aspire à la stabilité et au sens qui animaient autrefois les visions prémodernes et religieuses du monde. Il s'agit d'une quête incessante : une recherche de sens qui reconnaît à la fois sa nécessité et son caractère provisoire.

De ce point de vue, l'Église catholique apparaît souvent comme le problème : le grand récit ultime, l'institution la plus rigide, l'incarnation de la certitude dogmatique. Pour le métamoderniste, elle ressemble à une relique incapable de répondre au pluralisme et au changement.

Mais cela passe à côté d'un élément crucial. Cela revient à considérer l'Église uniquement comme une institution humaine, jugée selon les mêmes critères que les autres. Cela revient à ne pas reconnaître son rôle ontologique : gardienne de la grammaire du signe et du signifié. Ce que recherche le métamoderniste – un centre qui évite à la fois la rigidité et le relativisme – est précisément ce que l'Église porte depuis des siècles.

De ce point de vue, le dogme catholique n'est pas un ensemble de règles rigides, mais un modèle génératif fort. Il intègre la physique et la métaphysique, le corps et l'âme, l'histoire et l'éternité. La Trinité est l'ontologie relationnelle ultime. L'Incarnation est la révélation verticale de la transcendance. L'Eucharistie est la révélation symbolique par excellence, où le pain et le vin participent à ce qu'ils signifient. Le dogme n'est pas ici l'ennemi de la liberté, mais sa condition préalable : un centre stable à partir duquel la vie peut se dérouler sans sombrer dans le chaos.

Le désir ardent de sincérité, hanté par la rivalité, trouve son remède dans le mystère pascal. Comme l'a montré René Girard, nos désirs sont mimétiques, facilement pris au piège dans des cycles de rivalité résolus par la violence sacrificielle. Le Christ, victime innocente, démasque et vainc ce cycle en s'offrant dans un amour sans rivalité. Son sacrifice fonde une sincérité qui n'est plus naïve, car elle ne repose pas sur une fragile affirmation de soi, mais sur la communion avec le divin.

Dans cette optique, la prétention de l'Église à la vérité n'est pas oppressive, mais libératrice : c'est le fondement sémantique qui rend tout sens cohérent.

Mais il y a aussi un avertissement pour l'Église. Elle est confrontée à sa propre tentation d'effondrement : taire ses particularités pour paraître plus acceptable, ou traiter ses signes comme autonomes. Si elle abandonne son rôle de gardienne du signe et du signifié, elle renonce au don qu'elle seule peut offrir. Sa mission n'est pas de refléter les oscillations culturelles, mais de maintenir ouvert l'espace du sens, afin d'empêcher l'icône de devenir une idole.

L'invitation est donc double. Au métamoderniste : reconnaître l'Église non pas comme l'ennemie de la sincérité, mais comme sa possibilité, le centre stable où le sens se révèle sans s'effondrer. À l'Église : se souvenir de sa vocation et résister à la tentation de se dissoudre dans les catégories culturelles. Car ce n'est qu'en restant fidèle à sa grammaire qu'elle peut continuer à être ce que le monde recherche le plus : un foyer véritable et durable pour le sens.

Richard Smith

CHAPITRE VII

INTERPRÉTATION DE LA MÉCANIQUE QUANTIQUE : ONTOLOGIE DESCENDANTE OU ASCENDANTE ?

Il n'y a pas de droit supérieur à celui de la vérité.
Frithjof Schuon

Wolfgang Smith (1930-2024), éminent mathématicien, physicien et philosophe, a proposé une profonde réévaluation de la théorie quantique à travers le prisme de la sagesse pérenne. Dans la préface de son ouvrage phare *The Quantum Enigma*, il introduit le thème central de son enquête :

> Ce livre traite de la physique quantique, ou de ce que l'on a appelé le problème de la « réalité quantique ». Il traite d'une énigme qui, depuis des décennies, taraude les physiciens, les philosophes et un public de plus en plus large. La littérature pertinente est vaste et il semblerait qu'à peu près toutes les approches possibles et imaginables du problème – aussi farfelues soient-elles – aient été préconisées quelque part et explorées. L'époque où l'autorité de la physique pouvait être invoquée à l'appui d'une seule vision du monde établie est révolue ! Ce qui s'est passé, c'est que la vision scientiste du monde préquantique (aujourd'hui qualifiée de « classique ») a été désavouée « au sommet » : par les physiciens capables de saisir les implications de la théorie quantique. Cela a donné lieu à une abondance d'alternatives conjecturales, en concurrence les unes avec les autres pour combler le vide ontologique - une situation qui a incité un auteur récent à parler d'un « marché de la réalité ». La mécanique quantique, si vous voulez, est une

théorie scientifique à la recherche d'une *Weltanschauung*. Cette quête dure depuis 1927.[107]

M. Smith poursuit :

> La nouvelle physique est née au cours des années 1925 et 1926. Lorsque les physiciens se réunissent à Côme en 1927 pour la Conférence internationale de physique, les fondements de la théorie quantique non relativiste sont posés. C'est plus tard, au cours de la même année, lorsque les physiciens se sont retrouvés à Bruxelles pour la cinquième conférence Solvay, que le débat sur les quanta a éclaté en force, pour ainsi dire, sous la forme du célèbre échange Bohr-Einstein.

Et il met en garde :

> Par ailleurs, le spectacle d'une douzaine de scientifiques de haut niveau promouvant douze visions du monde différentes n'est guère rassurant ; et l'on est tenté de conclure que la vérité est inaccessible, ou pire encore, qu'elle est relative, qu'elle n'est qu'une question d'opinion personnelle.

Dans la section suivante, je me propose de donner un aperçu concis de ces interprétations concurrentes de la mécanique quantique, une théorie qui perdure depuis près d'un siècle. Ensuite, j'expliquerai comment l'interprétation de Wolfgang Smith non seulement diverge de ces points de vue, mais offre une alternative métaphysique convaincante fondée sur une ontologie verticale, c'est-à-dire une vision de la réalité qui va vers le bas plutôt que vers le haut.

Différentes interprétations de la mécanique quantique

Interpréter la mécanique quantique, c'est tenter d'expliquer comment le formalisme mathématique de la théorie correspond à la réalité physique. La mécanique quantique a fait

---

[107] Smith, Wolfgang (2005), *The Quantum Enigma, Finding the Hidden Key*, Hillsdale, N.Y.: Sophia Perennis, p. 3.

l'objet de tests expérimentaux extraordinairement rigoureux portant sur un large éventail de phénomènes. Il est remarquable qu'aucune observation empirique n'ait à ce jour contredit ses prédictions. Wolfgang Smith met en lumière cette extraordinaire harmonie entre la théorie et l'expérience :

> À cet égard, il convient de mentionner les attributs dits statiques, tels que la masse, la charge et le spin. Contrairement aux attributs dynamiques - qui, comme nous l'avons vu, ne sont pas du tout des attributs – ces quantités appartiennent bien à l'électron en tant que tel. Et elles sont mesurables avec une précision stupéfiante. Des mesures récentes du moment magnétique, par exemple, ont abouti à la valeur 1,001 159 652 188 (dans les unités appropriées), avec une erreur possible de 4 dans le dernier chiffre. Comme l'a souligné Richard Feynman : Si vous deviez mesurer la distance entre Los Angeles et New York avec cette précision, elle serait exacte à l'épaisseur près d'un cheveu humain". De plus, ce moment magnétique peut également être calculé par le biais de l'électrodynamique quantique ; la réponse apparaît alors comme la somme d'une série infinie convergente, dont les termes successifs décroissent rapidement, mais deviennent progressivement plus laborieux à évaluer. Et si les calculs effectués jusqu'à présent n'ont pas encore pu égaler la précision des dernières expériences, ils ont bien confirmé les chiffres 1.001 159 652. Nous ne connaissons pas de domaine de la physique où l'accord entre la théorie et l'expérience ait été plus spectaculaire.[108]

Malgré cet accord étonnant entre la théorie et l'expérience, de nombreuses écoles de pensée continuent de s'opposer sur la manière d'interpréter la mécanique quantique. Ces interprétations diffèrent sur des questions philosophiques essentielles, telles que le caractère fondamentalement déterministe ou indéterministe de la théorie, la définition de la réalité

[108] *Ibid.*

physique et la manière dont le processus de mesure doit être compris. Ces questions sont également liées à des questions plus générales, comme la raison pour laquelle le temps semble s'écouler dans une direction spécifique et la manière dont le monde « classique » émerge des fondements quantiques.

Même près d'un siècle après sa création, aucun consensus ne s'est dégagé parmi les physiciens et les philosophes quant à l'interprétation qui rend le mieux compte de la réalité. En effet, la signification de certains concepts fondamentaux de la théorie quantique a évolué. Par exemple, Erwin Schrödinger (1887-1961) a d'abord conçu la fonction d'onde comme représentant une distribution de charge de l'électron étendue dans l'espace, tandis que Max Born l'a réinterprétée plus tard de manière probabiliste, comme le carré d'une fonction de densité de probabilité.

La mécanique quantique peut être formulée mathématiquement de plusieurs manières équivalentes, les plus importantes étant la mécanique ondulatoire de Schrödinger, la mécanique matricielle de Heisenberg et la formulation de l'intégrale du chemin de Feynman. La plupart des interprétations acceptent le même formalisme, mais divergent sur la manière de le relier aux phénomènes observés. Par exemple, la théorie de l'onde pilote, développée par Louis de Broglie (1892-1987) et affinée plus tard par David Bohm (1917-1992), introduit un modèle mathématique alternatif visant à résoudre les paradoxes conceptuels. Cependant, comme ces approches alternatives produisent des prédictions empiriques presque identiques, elles sont généralement considérées non pas comme des théories concurrentes, mais comme des interprétations du même cadre sous-jacent.

Une perspective plus nuancée suggère que chaque interprétation modifie subtilement la théorie en introduisant de nouveaux éléments théoriques. En ce sens, les interprétations peuvent être plus que de simples commentaires - elles peuvent constituer des cadres conceptuels distincts construits sur un échafaudage mathématique commun.

D'une manière générale, les interprétations se divisent en deux catégories : les interprétations épistémiques et les interprétations ontologiques. Une interprétation épistémique considère que la nature probabiliste de la mécanique quantique découle des limites humaines en matière de connaissance ou de mesure, tandis qu'une interprétation ontologique la considère comme une propriété intrinsèque de la réalité elle-même. Ces points de vue s'appuient sur des positions philosophiques plus larges. Le réalisme scientifique considère que les théories scientifiques visent à décrire le monde tel qu'il est réellement, tant sur le plan épistémique qu'ontologique, tandis que l'antiréalisme est plus circonspect.

Au début du vingtième siècle, le point de vue antiréaliste dominant était le positivisme logique, qui visait à éliminer du discours scientifique toute référence à des entités non observables. À partir des années 1950, l'antiréalisme a évolué vers l'instrumentalisme, qui autorise les discussions sur les entités inobservables, mais soutient que les théories ne sont que des outils de prédiction et non des fenêtres sur la réalité. L'éthique instrumentaliste est résumée dans la phrase désormais célèbre du physicien David Mermin : « Taisez-vous et continuez à calculer ».

Interprétation de Copenhague

L'interprétation de Copenhague, toujours acceptée par de nombreux physiciens comme l'interprétation standard de la mécanique quantique, a été développée par Niels Bohr (1885-1962) et Werner Heisenberg (1933-2021) au cours de leur collaboration à Copenhague vers 1927. Elle s'appuie sur l'interprétation probabiliste de la fonction d'onde de Max Born (1882-1970). Selon un sondage réalisé lors de la conférence de 2011 sur la *physique quantique et la nature de la réalité*, l'interprétation de Copenhague a reçu le plus grand soutien, avec 42 % des participants. Cependant, le lauréat du prix Nobel Steven Weinberg (1933-2021) a noté dans un article de 2017 que « l'interprétation de Copenhague est maintenant largement inacceptable ».

Les grands principes de l'interprétation de Copenhague sont les suivants : chaque système de mécanique quantique est représenté par une fonction d'onde, qui contient toutes les informations pouvant être connues sur le système. Il n'y a pas de « variables cachées » qui doivent être ajoutées pour compléter la théorie. En mécanique quantique non relativiste, l'évolution de la fonction d'onde dans le temps est régie par l'équation déterministe de Schrödinger - tant que le système reste isolé. Ainsi, la fonction d'onde évolue de manière continue et prévisible, sauf si elle est perturbée par une interaction avec un autre système.

Certaines paires de grandeurs observables ne peuvent pas être déterminées simultanément avec une précision arbitraire. Cette idée est au cœur du principe de complémentarité de Bohr et s'exprime de manière quantitative dans le principe d'incertitude de Heisenberg. Ainsi, si la position exacte d'une particule est connue à un instant donné, sa quantité de mouvement ne peut être déterminée avec précision au même instant. Les processus quantiques aux échelles atomiques et subatomiques sont par nature inaccessibles à l'observation directe, car tout acte d'observation modifie de façon significative le système observé. De manière générale, à mesure que le nombre de particules dans un système augmente, le comportement de ce dernier tend à se rapprocher de celui prédit par la physique classique. Bohr soutenait que les concepts classiques sont conceptuellement indépendants de la théorie quantique et conservent un rôle fondamental.

L'interprétation de Copenhague rejette les questions telles que « Où était la particule avant la mesure ? » comme étant dénuées de sens. Selon ce point de vue, la mesure sélectionne l'un des états propres possibles décrits par la fonction d'onde, sur la base des probabilités encodées dans la fonction. Lorsqu'un résultat particulier est obtenu par la mesure, la fonction d'onde subit un changement soudain - connu sous le nom d'effondrement - passant d'une superposition de possibilités à un état défini correspondant à la propriété observée. Cet effondrement est déclenché par l'interaction du système quantique avec un observateur externe ou un dispositif de mesure, tel qu'un compteur Geiger ou une chambre à bulles. Le processus introduit une brève discontinuité et une irréversibilité dans la fonction d'onde, rendant l'équation de Schrödinger inapplicable pendant l'effondrement, mais à nouveau valide par la suite. Comme le physicien Paul Davies (né en 1946) l'a fait remarquer à juste titre, "la réalité est dans les mesures, pas dans l'électron".

Une évaluation plus académique révèle que Bohr et Heisenberg eux-mêmes n'ont jamais été entièrement d'accord sur la manière d'interpréter la mécanique quantique. Ni l'un ni l'autre n'a utilisé le terme d'interprétation de Copenhague - ce label a été introduit plus tard pour dénoter les caractéristiques communes de leurs points de vue. Si l'interprétation de Copenhague privilégie clairement l'indéterminisme au détriment du déterminisme, sa position sur le réalisme et l'antiréalisme reste sujette à débat.

Bohr et Heisenberg ont tous deux décrit la mécanique quantique dans un cadre positiviste logique. Bohr était particulièrement préoccupé par les implications philosophiques de la théorie quantique, comme l'illustre son principe de complémentarité. Il pensait que la théorie quantique offrait une description complète de la nature, bien qu'elle défie l'intuition classique. Bien que la mécanique classique et les probabilités soient mieux adaptées à l'expérience quotidienne, Bohr n'a jamais établi de frontière claire entre les domaines quantique et classique. Il considérait cette distinction comme une question philosophique ou de commodité pratique, plutôt que comme une nécessité scientifique.

Au fil du temps, l'interprétation de Copenhague a fait l'objet de nombreuses critiques. Les principales objections portent sur le "saut" discontinu de la fonction d'onde pendant la mesure, l'introduction du hasard dans l'observation, le rôle subjectif attribué à l'observateur, l'ambiguïté de la définition de ce qui constitue un appareil de mesure et la dépendance à l'égard de la physique classique pour décrire l'environnement de mesure.

Interprétation de De Broglie-Bohm

Revenons encore une fois à Smith, mais cette fois-ci à un autre de ses ouvrages importants, *The Wisdom of Ancient Cosmology (Sagesse de la cosmologie antique)* :

> En 1927 déjà, lorsque les poids lourds de la physique se sont réunis à Bruxelles pour évaluer ce qu'il restait (s'il en restait) de la *Weltanschauung* newtonienne, Niels Bohr et Albert Einstein ont adopté des positions diamétralement opposées sur cette question, qui ont polarisé le débat depuis lors. Ce que Bohr a dit, en fait, c'est qu'en ce qui concerne les phénomènes quantiques, nous devons nous contenter du type d'information pragmatique que fournit la théorie quantique. C'est le mieux que l'on puisse faire, non pas parce que la théorie en tant que telle est imparfaite ou incomplète (comme l'a accusé Einstein), mais parce qu'il n'y a en fait aucune "réalité quantique profonde" derrière les phénomènes qui pourraient expliquer ce qui se passe. « Il n'y a pas de monde quantique », a déclaré Bohr. « Il n'y a qu'une description quantique abstraite ».
>
> Einstein, quant à lui, plaide de toutes ses forces en faveur d'une interprétation réaliste. Il existe un « monde quantique », disait-il en effet, une réalité profonde qui sous-tend les phénomènes et les explique en fin de compte : il faut qu'il

y en ait une ! Il était impensable pour lui qu'une « description quantique abstraite », non soutenue par une quelconque réalité profonde, puisse conduire à des prédictions correctes comme par magie.

En fin de compte, la plupart des physiciens se sont ralliés à l'école de Bohr, connue sous le nom d'interprétation de Copenhague de la théorie quantique. En 1932, cinq ans seulement après la conférence de Bruxelles, il semblait que les affirmations des copenhaguenistes avaient été justifiées une fois pour toutes par les travaux d'un mathématicien hongrois du nom de John von Neumann. Ce que von Neumann avait fait, tout d'abord, c'était d'asseoir la nouvelle théorie quantique sur une base mathématique solide, puis de prouver, avec une rigueur exemplaire, que l'idée d'une réalité physique constituée d'"objets ordinaires" est mathématiquement impossible (c'est-à-dire incompatible avec les prédictions de la théorie quantique). À ce stade, il apparaît à tous, à l'exception de quelques irréductibles réalistes - emmenés par l'invincible Albert Einstein - que la question est désormais close.

Mais en fait, ce n'était pas le cas. La position réaliste a ressuscité, tel un phénix, en 1952, lorsque David Bohm - après de longues conversations avec Einstein - a réussi à construire un modèle objectif de l'électron qui correspondait aux exigences rigoureuses de la théorie quantique. Dans le sillage de la célèbre « preuve de von Neumann », Bohm avait apparemment accompli l'impossible. Or, le grand mathématicien avait si bien fait son travail qu'il fallut attendre douze ans pour le découvrir ! L'énigme n'a été résolue qu'en 1964, lorsqu'un physicien inconnu jusqu'alors, John Stewart Bell, a découvert que von Neumann avait involontairement fait une hypothèse cachée et injustifiée concernant les "objets ordinaires" que la théorie quantique était censée exclure. Ce que von Neumann avait supposé – et ce que tout le monde considérait jusqu'alors comme une évidence – c'est que les objets en question étaient des entités « locales ». Cela signifie en substance qu'ils ne peuvent communiquer entre eux que par l'intermédiaire de forces physiques connues : par des signaux, donc, qui ne peuvent se propager à une vitesse supérieure à celle de la lumière. Il s'avère d'ailleurs que Bohm a pu contourner l'interdit de von Neumann précisément parce que son modèle de l'électron n'obéissait pas à la condition de localité stipulée.

Mais ce résultat, cette percée décisive, n'était qu'un début. En s'appuyant sur les principes fondamentaux de la théorie quantique, Bell a réussi à prouver que la réalité - qu'elle soit ordinaire ou contextuelle ! - doit en fait violer la condition de localité de von Neumann. Ce que Bell a finalement prouvé, c'est que la condition de localité n'est pas seulement injustifiée, mais qu'elle est en fait indéfendable. En un mot, la réalité est non locale. C'est cette découverte étonnante qui est connue sous le nom de théorème de Bell. Elle a depuis été vérifiée expérimentalement sur la base d'une inégalité (également découverte par Bell) qui ne dépend toutefois pas de la théorie quantique ; le résultat semble donc solide comme un roc. Mais alors que la plupart des physiciens acceptent aujourd'hui le théorème de Bell comme étant fondé, quelques-uns restent sceptiques et ne négligent rien pour tenter de contrecarrer la conclusion de Bell. Cet examen exceptionnel n'est d'ailleurs pas injustifié si l'on considère les implications considérables de l'affirmation de Bell. Bien comprise, l'affirmation de la non-localité révolutionne notre vision du monde. Ce n'est pas sans raison que le physicien de Berkeley Henry Stapp qualifie le théorème de Bell de « découverte la plus profonde de la science ».[109]

Dans la théorie de De Broglie-Bohm (également appelée mécanique de Bohm), les particules ont des positions définies à tout moment. Ces positions évoluent de manière déterministe sous la direction de la fonction d'onde, qui elle-même

---

[109] Smith, Wolfgang (2003), *The Wisdom of Ancient Cosmology : Contemporary Science in Light of Tradition* (Oakton, VA : Fondation pour les études traditionnelles) ; *Sagesse de la cosmologie ancienne : La science contemporaine à la lumière de la tradition.* L'Harmattan, 2008, pp. 87-89.

évolue selon l'équation de Schrödinger. Notamment, dans cette interprétation, la fonction d'onde ne s'effondre pas lors de la mesure ; au lieu de cela, elle devient effectivement confinée à une composante particulière de l'onde, ce qui donne l'apparence d'un effondrement.

Cette approche considère la fonction d'onde comme un champ physique réel, ce qui contraste fortement avec l'interprétation de Copenhague, où elle n'est qu'une abstraction mathématique. Dans la théorie de De Broglie-Bohm, les entités de la mécanique quantique ont une primauté ontologique sur les concepts classiques, ce qui signifie qu'elles reflètent la nature fondamentale de la réalité plutôt que de simples outils de prédiction.

Comme la théorie postule des variables cachées - telles que les positions définies des particules - elle est souvent décrite comme une théorie des variables cachées. Elle est déterministe (le futur est entièrement déterminé par le présent) et non locale (elle permet des connexions instantanées entre des particules distantes), satisfaisant ainsi aux exigences du théorème de Bell.

Bien que la théorie rétablisse le réalisme, elle reste conforme au principe d'incertitude d'Heisenberg : si les particules possèdent des positions et des moments définis, notre capacité à les mesurer simultanément reste limitée par les contraintes quantiques.

En définitive, la théorie de de Broglie-Bohm offre une alternative cohérente et convaincante à l'interprétation de Copenhague, une alternative qui ose prendre au sérieux la fonction d'onde en tant qu'élément de la réalité physique et qui nous incite à repenser la structure même de l'univers.

Théorie du multivers

L'interprétation Many-Worlds (ou Many-Univers) de la mécanique quantique postule l'existence d'une fonction d'onde universelle en tant que réalité objective. Selon ce point de vue, la fonction d'onde ne s'effondre jamais ; au contraire, elle évolue continuellement selon des lois déterministes et réversibles. Depuis l'article fondateur de Hugh Everett (1930-1982) publié en 1957, de nombreuses variantes de cette interprétation ont vu le jour.

Dans ce cadre, le phénomène observé lors de la mesure est expliqué par la décohérence. La décohérence désigne la suppression des interférences (c'est-à-dire la superposition quantique) dans la fonction d'onde en raison de l'interaction du système avec son environnement. Ici, le terme "environnement" ne fait pas référence à des objets classiques tels que des fentes ou des écrans (comme dans l'expérience de la double fente avec des électrons), mais à des systèmes quantiques externes. Par exemple, lorsqu'un nombre suffisamment important de particules cosmiques frappe au hasard un électron voyageant entre les fentes et l'écran, l'interaction qui en résulte entraîne une intrication entre l'électron et son environnement. Cette intrication supprime le modèle d'interférence dans la fonction d'onde, donnant lieu à un comportement classique – un processus appelé décohérence. La décohérence comble ainsi le fossé entre le formalisme quantique et l'expérience classique, ce qui permet de résoudre le problème de la mesure.

L'approche du multivers résout l'apparent caractère aléatoire de l'interprétation de Copenhague en affirmant que tous les résultats possibles encodés dans la fonction d'onde universelle sont réalisés, chacun dans un univers distinct. Lorsque nous ouvrons la boîte pour observer le chat de Schrödinger, par exemple, ou que nous effectuons une mesure, la réalité se « ramifie » en plusieurs univers : dans l'un, le chat vit ; dans l'autre, il meurt. Chacun de ces mondes représente un état distinct, également réel, de la fonction d'onde universelle. Ces mondes n'interagissent pas. Étant donné que la fonction d'onde universelle englobe toutes ces réalités, il serait plus juste de l'appeler fonction d'onde multivers. Cette fonction d'onde ne s'effondre pas ; au lieu de cela, nous nous trouvons simplement dans un univers qui correspond à un résultat particulier. Contrairement aux interprétations à univers unique qui présentent une histoire linéaire de la réalité, l'approche multivers envisage l'histoire comme un arbre ramifié d'une infinité d'événements quantiques possibles. Par conséquent, il est possible qu'existent d'innombrables versions de nous-mêmes habitant des univers parallèles, dont aucun n'est conscient de l'existence de l'autre.

Une variante notable de cette interprétation est l'hypothèse de la multiplicité des esprits. Selon cette hypothèse, ce n'est pas l'univers qui se ramifie, mais plutôt l'esprit de l'observateur. Il s'agit, derrière cette variante, d'éviter l'idée bizarre qu'un observateur pourrait être dans une superposition d'états mentaux. Dans leur article de 1988, David Albert et Barry Loewer ont soutenu qu'il est incohérent pour un observateur de considérer son propre esprit comme étant dans un état indéterminé – il faut être certain de l'état du système observé. Si l'esprit lui-même était dans une superposition, une telle certitude serait impossible, ce qui conduirait à une contradiction. Pour résoudre ce problème, ils ont suggéré que si le corps (c'est-à-dire le substrat physique) de l'observateur peut exister dans un état superposé, l'esprit reste dans un état défini, non superposé.

Interprétation de l'effondrement induit par la conscience

Également connue sous le nom d'interprétation de von Neumann-Wigner, cette approche – dont il existe plusieurs variantes – est centrée sur l'idée distinctive que la conscience est essentielle pour mener à bien le processus de mesure quantique. Dans son ouvrage de 1932, *Mathematical Foundations of Quantum Mechanics*, John von Neumann (1903-1957) affirme que le formalisme de la mécanique quantique permet l'effondrement de la fonction d'onde en tout point de la chaîne causale, depuis l'appareil de mesure jusqu'à la perception subjective de la mesure par l'observateur.

Dans les années 1960, Eugene Wigner (1902-1995) a étendu cette idée en reformulant la célèbre expérience de pensée du « chat de Schrödinger » en un scénario désormais célèbre, celui de « l'ami de Wigner ». Wigner a proposé que, quelle que soit la position réaliste de chacun, la véritable frontière où se produit l'effondrement de la fonction d'onde est la conscience de l'observateur. Récemment, une version étendue de l'expérience de l'ami de Wigner aurait été testée et aurait apporté un soutien empirique à l'idée que le domaine quantique n'est pas totalement indépendant de l'observateur.

Le physicien Rudolf Peierls (1907-1995) était également partisan de cette interprétation. De même, Zvi Schreiber (né en 1969), dans son mémoire de maîtrise, a exprimé le point de vue selon lequel le seul véritable instrument de mesure est l'esprit non physique. Il résume cette position comme suit :

> Les règles de la mécanique quantique sont valables, mais seul un système - l'ensemble de l'univers matériel - peut être traité par la mécanique quantique. Les observateurs externes, tels que l'esprit humain (et peut-être animal), se situent en dehors du cadre de la mécanique quantique. Les mesures qui déclenchent l'effondrement de la fonction d'onde se produisent dans l'esprit.[110]

Henry Stapp a développé et défendu ce point de vue, en soulignant la nécessité de la conscience dans tout cadre quantique cohérent :

> Du point de vue des mathématiques de la théorie quantique, il n'y a aucune raison de considérer un appareil de mesure

[110] Schreiber, Zvi (1995) "The Nine Lives of Schrödinger's Cat", Imperial College London M.Sc. dissertation.

comme autre chose qu'un composite de composants atomiques - il s'agit simplement d'une autre partie de l'univers physique... En outre, les expériences conscientes de l'observateur humain doivent avoir une relation de cause à effet directe et immédiate avec ce qui se passe dans son propre esprit, et non avec les événements d'un appareil externe... Par conséquent, notre corps et notre cerveau font partie de l'univers physique décrit par la mécanique quantique. Traiter l'univers comme un tout intégré offre une base conceptuelle simple et logiquement cohérente. [111]

Malgré ces arguments, de nombreux physiciens restent sceptiques quant à cette interprétation. Ils estiment que la notion de conscience à l'origine de l'effondrement repose sur un dualisme interactif, qui entre en conflit avec les hypothèses matérialistes qui sous-tendent la physique moderne. Cela soulève la question non résolue de savoir comment la conscience interagit avec la matière - une question qui rappelle les objections philosophiques au dualisme des substances de Descartes.

Albert Einstein (1879-1955), un réaliste scientifique convaincu, reconnaît l'utilité épistémique de la fonction d'onde, mais rejette l'idée que la conscience puisse affecter l'état physique de la matière. Il considérait la mécanique quantique comme une théorie incomplète plutôt que comme une description définitive de la réalité, et n'acceptait pas l'idée que l'observation subjective détermine les résultats objectifs.

Interprétation des histoires cohérentes

L'approche des *histoires cohérentes*, soutenue par des physiciens tels que Murray Gell-Mann (1929-2019), lauréat du prix Nobel et développeur de la théorie des quarks, offre un cadre permettant de comprendre quels ensembles de questions classiques peuvent être appliqués de manière cohérente à un

---

[111] Stapp, Henry, "Quantum Theory and the Role of Mind in Nature", *Foundations of Physics* , 31 (10) : 1465-1499, 2001.

système quantique unique, et quels ensembles sont fondamentalement incompatibles et donc dépourvus de sens lorsqu'ils sont posés ensemble. Cette interprétation permet de résoudre le paradoxe posé par Einstein, Podolsky et Rosen (EPR), qui supposaient que plusieurs propriétés classiques pouvaient être simultanément bien définies pour une seule entité quantique.

Le cadre des histoires cohérentes explique pourquoi de telles enquêtes simultanées ne sont pas valables dans le cadre de la mécanique quantique, tout en expliquant pourquoi la logique classique semble souvent valable dans de nombreuses expériences quantiques. Surtout, il révèle qu'il existe des limites mathématiques à l'intérieur desquelles le raisonnement classique est valable, ce qui permet d'expliquer précisément où et pourquoi la logique classique s'effondre dans le domaine quantique.

Interprétation statistique (perspective de la communauté statistique)

Selon l'interprétation statistique, la fonction d'onde ne décrit pas des systèmes quantiques individuels, tels qu'une seule particule, mais représente plutôt une quantité statistique abstraite applicable uniquement à des ensembles de systèmes préparés de manière identique. Ce point de vue a été défendu de la manière la plus célèbre par Albert Einstein, qui a écrit :

> La tentative de considérer la description de la théorie quantique comme une représentation complète des systèmes individuels conduit à des conséquences théoriques étranges. Mais si l'on suppose que cette description ne se réfère qu'à des ensembles de systèmes, les difficultés disparaissent.

Les partisans de cette interprétation la décrivent comme minimaliste, faisant le moins d'hypothèses possible sur la signification physique du formalisme quantique standard. Elle pousse l'interprétation statistique de Born jusqu'à sa conclusion logique, en considérant la mécanique quantique comme un simple outil de calcul des probabilités dans les ensembles.

Plus récemment, une version actualisée de cette approche a été proposée, fondée sur une nouvelle formulation de la théorie des probabilités. Il a été démontré que les lois de Kolmogorov-Markov (KM) émergent naturellement de ce nouveau cadre probabiliste, renforçant la cohérence mathématique et le pouvoir prédictif de l'interprétation statistique.[112]

Interprétation relationnelle

L'*interprétation relationnelle* postule que l'état quantique d'un système est relatif à l'observateur, c'est-à-dire qu'il reflète la relation entre le système et l'observateur, plutôt que les propriétés objectives et autonomes du système. Présentée pour la première fois en 1994 par Carlo Rovelli (né en 1956), cette interprétation a depuis été développée par divers théoriciens. Elle s'inspire de la dépendance des mesures par rapport à l'observateur dans le cadre de la relativité restreinte et intègre également des idées de la théorie de l'information quantique de John Wheeler.

Selon M. Rovelli :

> La mécanique quantique est une théorie sur la description physique des systèmes physiques en relation avec d'autres systèmes physiques, et cette théorie est une description complète du monde.[113]

À la base, la mécanique quantique relationnelle suggère que différents observateurs peuvent construire des comptes rendus différents, mais cohérents en interne, des mêmes

---

[112] Shaiia, Raed M. "On the Measurement Problem", *International Journal of Theoretical and Mathematical Physics*, 4 (5) : 202-219, 2014.

[113] Rovelli Carlo, "Relational quantum mechanics", *International Journal of Theoretical Physics*, 35 : 1637-1678, 1996.

événements physiques. Par exemple, un système quantique peut sembler être dans un état propre défini pour un observateur, tout en apparaissant simultanément comme une superposition pour un autre. Si la mécanique quantique est effectivement une théorie complète, alors le concept d'"état" ne décrit pas le système de manière isolée, mais plutôt la corrélation entre le système et l'observateur.

Notamment, le terme "*observateur*" se réfère ici à tout système physique, microscopique ou macroscopique - il n'implique pas la conscience. Dans cette optique, une "mesure" est simplement une interaction physique qui établit une corrélation entre des systèmes.

Ce cadre relationnel évite élégamment certains paradoxes associés à la non-localité. Contrairement aux interprétations qui exigent un transfert d'informations plus rapide que la lumière (comme on le voit dans certaines lectures des expériences du test de Bell), l'interprétation relationnelle maintient la localité pour tous les observateurs, puisque le récit de chaque observateur est cohérent en interne et qu'aucun cadre de référence absolu n'est nécessaire.

Interprétation opérationnelle

Le physicien John G. Cramer (né en 1934) a proposé l'interprétation opérationnelle de la mécanique quantique, qu'il a exposée dans le résumé de son article de 1986 :

> L'élément de base de cette interprétation est la transaction décrivant un événement quantique comme un échange d'ondes avancées et retardées, comme l'impliquent les travaux de Wheeler et Feynman, Dirac et d'autres. L'interprétation transactionnelle est explicitement non locale et donc cohérente avec les tests récents de l'inégalité de Bell, tout en étant invariante d'un point de vue relativiste et entièrement causale. Une comparaison détaillée des interprétations transactionnelle et de Copenhague est effectuée dans le contexte

de *Gedankenexperimente* et de "paradoxes" bien connus de la mécanique quantique. "L'interprétation transactionnelle permet d'interpréter les fonctions d'onde de la mécanique quantique comme des ondes réelles physiquement présentes dans l'espace plutôt que comme des "représentations mathématiques de la connaissance" comme dans l'interprétation de Copenhague. L'interprétation transactionnelle permet de comprendre le caractère complexe du vecteur d'état de la mécanique quantique et le mécanisme associé à son "effondrement". "Elle conduit également de manière naturelle à la justification du principe d'incertitude de Heisenberg et de la loi de probabilité de Born ($P=\psi\psi^*$), éléments de base de l'interprétation de Copenhague.[114]

Interprétation stochastique

L'interprétation stochastique présente une réinterprétation classique de l'équation de Schrödinger, en établissant des analogies avec le mouvement brownien. Cette approche a été formellement proposée par Edward Nelson (1932-2014) en 1966, bien que des idées similaires aient été publiées plus tôt et aient été reconnues dans le travail de Nelson.

Selon cette interprétation, le comportement quantique des particules découle d'un processus stochastique sous-jacent (c'est-à-dire à la fois aléatoire et déterministe). L'idée centrale est que les fluctuations quantiques apparentes de l'espace ou de l'espace-temps ne sont pas une *conséquence* de la mécanique quantique, comme on le pensait traditionnellement, mais plutôt sa *cause*. Récemment, de nouvelles formulations de l'interprétation stochastique sont apparues, poursuivant l'exploration de ce fondement classique, mais probabiliste de la théorie quantique.

---

[114] Cramer, John "Transactional Interpretation of Quantum Mechanics," *Reviews of Modern Physics*, 58 (3) : 795-798, 1986.

Interprétation objective de l'effondrement

L'interprétation de l'effondrement objectif s'écarte du point de vue de Copenhague en affirmant que la fonction d'onde et son effondrement sont des phénomènes objectivement réels, et non de simples outils permettant de prédire les observations. Selon cette interprétation, la réduction de la fonction d'onde est un processus physique qui se produit soit spontanément (au hasard), soit lorsqu'un seuil physique spécifique est atteint. L'observateur ne joue aucun rôle essentiel.

Ces théories sont réalistes et indéterministes, rejetant la nécessité de variables cachées. Contrairement à la mécanique quantique standard, qui ne prévoit pas de mécanisme explicite pour l'effondrement, les théories objectives de l'effondrement visent à étendre le formalisme pour en inclure un. Parmi les exemples notables, on peut citer la théorie de Ghirardi-Rimini-Weber (GRW), l'interprétation de Roger Penrose et les variantes déterministes de cette classe. Si ces théories sont correctes, la mécanique quantique doit être reformulée non pas comme un simple cadre prédictif, mais comme une théorie physique complète qui prend explicitement en compte l'effondrement.

Logique quantique

La logique quantique est une reformulation de la logique propositionnelle conçue pour résoudre les contradictions apparentes entre la logique booléenne classique et les mesures quantiques. Présentée dans un article de 1936 par Garrett Birkhoff et John von Neumann, elle cherche à réconcilier le comportement particulier des variables complémentaires et les résultats des observations quantiques avec un cadre logique cohérent.[115] Plutôt que de modifier les lois physiques, la

---

[115] Birkhoff, Garrett ; von Neumann, John " The Logic of Quantum Mechanics ," *Annals of Mathematics* , 2nd Ser. 37 (4) : 823-843, 1936.

logique quantique modifie la structure des propositions logiques pour mieux s'aligner sur les phénomènes quantiques, notamment en ce qui concerne la compatibilité des mesures et la nature des valeurs de vérité quantiques.

Théories de l'information quantique

Les théories de l'information quantique explorent la manière dont l'information est codée dans les systèmes quantiques. Alors que la théorie classique de l'information utilise des bits comme unité de base, la théorie quantique de l'information utilise des qubits, qui peuvent exister dans des superpositions d'états. Ces théories sont généralement classées dans deux grands camps philosophiques :

Approches ontologiques : Il s'agit notamment de doctrines telles que celle de John Wheeler, « It from Bit », qui propose que la réalité soit fondamentalement composée d'informations. Ce point de vue constitue la base de la physique numérique, où l'univers est conceptualisé comme le résultat d'un vaste processus informatique - qu'il soit déterministe ou probabiliste. Dans ce cadre, les systèmes physiques sont essentiellement des structures d'information, ce qui fait de ces théories une forme moderne d'immatérialisme, la position philosophique qui nie l'existence d'un monde purement matériel.

Approches épistémiques : En revanche, ces interprétations affirment que la mécanique quantique ne décrit pas la réalité objective, mais la connaissance ou l'information d'un observateur à son sujet. Dans ce contexte, l'effondrement n'est pas un événement ontologique, mais une mise à jour des informations de l'observateur lors de la mesure. Ces points de vue font souvent écho à la philosophie de Niels Bohr, qui met l'accent sur l'instrumentalisme, c'est-à-dire sur l'idée que les théories scientifiques sont des outils permettant d'organiser les observations plutôt que des descriptions littérales de la réalité.

Modèles d'interprétation de la mécanique quantique

L'« interprétation du modèle » de la théorie quantique non relativiste, introduite par Bas van Fraassen (né en 1941) au début des années 1970, faisait initialement référence à une interprétation spécifique. Aujourd'hui, cependant, le terme s'est élargi pour englober une catégorie d'interprétations qui partagent certains principes fondamentaux.

Pour résoudre le problème de la mesure, van Fraassen a proposé une distinction entre deux types d'états du système : l'*état dynamique* et l'*état de valeur*. L'*état dynamique* décrit ce qu'un système *peut* être - ses propriétés physiques potentielles à un moment donné et dans le futur. L'*état de valeur*, en revanche, spécifie ce que le système *est réellement* à ce moment-là, c'est-à-dire les propriétés physiques définies qu'il possède actuellement.

Dans la mécanique quantique standard, l'état dynamique correspond au vecteur d'état, qui évolue de manière déterministe selon l'équation de Schrödinger et ne subit jamais d'effondrement. Ce qui distingue l'interprétation du modèle, c'est l'idée que même si l'état dynamique d'un système n'est pas un état propre d'un observable particulier, l'état de valeur peut toujours attribuer une valeur définie à cet observable.

Cette perspective rompt avec le « lien état propre-valeur propre » conventionnel, selon lequel un système ne peut posséder une valeur définie pour un observable que lorsqu'il se trouve dans l'état propre correspondant. Dans les interprétations de modèles, le lien est conditionnel : *si* un système se trouve dans un état propre, alors l'observable a une valeur définie - mais l'inverse n'est pas nécessairement vrai.

Théories symétriques dans le temps

Dans les théories *à symétrie temporelle*, comme la théorie de l'absorbeur de Wheeler-Feynman, les équations de la mécanique quantique sont modifiées pour rester symétriques en cas d'inversion du temps. Cela implique une forme de *rétrocausalité*, où non seulement les événements passés influencent le futur, mais où les événements futurs influencent également le passé.

Dans ces modèles, une seule mesure est insuffisante pour déterminer complètement l'état d'un système quantique. Cependant, si deux mesures sont effectuées à des moments différents, l'état complet du système entre ces deux moments peut être calculé avec précision. Par conséquent, l'effondrement de la fonction d'onde est réinterprété non pas comme une transformation physique, mais comme une mise à jour de notre connaissance du système, déclenchée par la seconde mesure.

De ce point de vue, l'intrication n'est pas un lien physique réel entre les particules, mais une illusion résultant de l'ignorance des effets rétrocausaux. L'apparente "intrication" résulte du fait que chaque particule est influencée par un événement futur impliquant l'autre.

Bien que tous les partisans des théories symétriques dans le temps ne préconisent pas de modifier la dynamique unitaire de la mécanique quantique standard, des personnalités comme Lev Vaidman (né en 1955), qui soutient le *formalisme vectoriel à deux états*, soulignent sa compatibilité avec l'interprétation des mondes multiples d'Everett.

Théories de bifurcation de l'espace-temps

Les théories de l'espace-temps bifurquant ressemblent à l'interprétation Many-Worlds (ou Multivers), mais avec une distinction essentielle : la bifurcation ne se produit pas dans le vecteur de l'état quantique, mais dans la topologie de l'espace-temps lui-même. Dans l'interprétation Many-Worlds, c'est la fonction d'onde qui se ramifie. En revanche, les théories de l'espace-temps bifurquant postulent que le tissu réel de l'espace-temps subit une bifurcation basée sur les relations causales entre les événements.

Ces interprétations ont des implications pour le théorème de Bell, l'informatique quantique et la gravité quantique. Elles partagent un terrain conceptuel avec les théories des *variables cachées* et l'*interprétation statistique communautaire*, qui suppose des trajectoires de particules bien définies au niveau microscopique. Toutefois, à l'échelle macroscopique, ces trajectoires ne peuvent être décrites que de manière stochastique, ce qui correspond aux résultats probabilistes prédits par la mécanique quantique standard.

L'option du silence

Bien que les discussions sur l'interprétation de la mécanique quantique soient très répandues aujourd'hui, cela n'a pas toujours été le cas. Certains physiciens éminents ont choisi de garder le silence sur les questions d'interprétation. Paul Dirac (1902-1984), l'un des pionniers de la théorie quantique, a fait une remarque célèbre :

> La question de l'interprétation de la mécanique quantique a été examinée par de nombreux auteurs et je ne souhaite pas l'aborder ici. Je veux traiter de choses plus fondamentales. [116]

Cette « option du silence » reste une position valable pour de nombreux physiciens en activité, qui préfèrent se concentrer sur le succès prédictif et les applications pratiques de la théorie plutôt que sur les débats métaphysiques. Des personnalités telles que Nico van Kampen (1921-2013) et Willis Lamb (1913-2008) ont ouvertement critiqué ce qu'ils considéraient comme des interprétations spéculatives ou non orthodoxes de la mécanique quantique.

---

[116] Dirac, P.A.M, "The inadequacies of quantum field theory", Eds. B.N. Kursunoglu et E.P. Wigner, *Paul Adrien Maurice Dirac* (Cambridge : Cambridge University Press, 1987), p. 194.

Interprétation thomiste de la mécanique quantique

L'interprétation thomiste est une approche philosophique du problème de la mesure en mécanique quantique, ancrée dans le cadre métaphysique de Saint Thomas d'Aquin (1225-1274). Contrairement à de nombreuses interprétations qui proposent de nouvelles formulations mathématiques, l'interprétation thomiste cherche à résoudre les énigmes fondamentales de la théorie quantique à l'aide de la métaphysique classique, en particulier la distinction entre potentialité et actualité.

Cette interprétation part du principe que la réalité se compose d'au moins deux niveaux ontologiques distincts : le physique et le corporel. La mécanique quantique – y compris la fonction d'onde et son formalisme – relève du domaine physique, qui consiste en des êtres potentiels dépourvus de forme substantielle. En revanche, les apparences classiques des objets, leurs propriétés définies et les résultats que nous observons lors des expériences appartiennent au domaine corporel, le domaine de l'actualité et de la forme substantielle.

Selon ce point de vue, l'effondrement de la fonction d'onde - une question centrale dans le problème de la mesure - n'est pas simplement un événement mathématique ou épistémologique, mais une véritable transition ontologique du mode d'être potentiel (domaine physique) au mode d'être réel (domaine corporel). Cette discontinuité ontologique se traduit par la rupture de l'évolution linéaire décrite par l'équation de Schrödinger au point de mesure.

Wolfgang Smith établit une distinction importante entre son point de vue thomiste et celui de Werner Heisenberg, qui a interprété la fonction d'onde comme une « onde de probabilité », la comparant à la notion de *potentia* d'Aristote. À première vue, le « monde des *potentialités* » de Heisenberg semble correspondre à ce que Smith appelle le micromonde (domaine physique), et son "monde des êtres et des événements" semble s'aligner sur le monde corporel. Cependant, Smith soutient que la distinction d'Heisenberg est en fin de compte une question d'échelle plutôt qu'une question d'ontologie. Dans la philosophie d'Heisenberg, l'actualité macroscopique émerge de la complexité et de l'agrégation des potentialités microscopiques - un point de vue que Smith juge inadéquat.

En revanche, Smith insiste sur le fait que le passage de la potentialité à l'actualité ne peut s'expliquer uniquement par l'échelle. Elle se produit chaque fois que nous passons d'un objet sous-corporel (SX) à un objet corporel (X), même au niveau macroscopique. Le fait que SX puisse être décrit à l'aide de la physique classique ou réduit aux atomes ne signifie pas que X, l'objet corporel, soit également réductible. Ils existent sur des plans ontologiques différents. SX existe en potentialité, X existe en réalité. Par conséquent, chaque partie des objets macroscopiques de la physique classique est aussi ontologiquement « potentielle » que les atomes et les particules subatomiques, jusqu'à ce qu'elle soit informée par une forme substantielle et entre dans le domaine corporel.

Ce point de vue représente une ontologie descendante, contrairement aux ontologies ascendantes qui dominent les interprétations modernes de la physique. Dans la plupart des interprétations - qu'elles soient de Copenhague, des mondes multiples ou basées sur la décohérence - le flux d'explication va du micro au macro : la réalité classique est considérée comme émergeant des processus quantiques par l'agrégation, la décohérence ou le transfert d'informations. L'interprétation thomiste inverse ce sens explicatif : la réalité descend d'un niveau ontologique supérieur (*actus essendi*), et le domaine physique de la mécanique quantique existe en tant que strate inférieure, moins pleinement réelle - un domaine de potentialité en attente d'actualisation.

Le modèle de Smith critique également la bifurcation cartésienne inhérente aux visions scientifiques modernes du monde, où une séparation rigide entre l'esprit et la matière sous-tend à la fois la physique classique et la physique quantique. L'interprétation thomiste rejette ce dualisme et propose au contraire que même les descriptions de la physique classique relèvent du domaine physique (potentiel), tandis que les objets réels de la perception - ce que nous connaissons et avec quoi nous interagissons - appartiennent au domaine corporel.

Le monde corporel est caractérisé par des formes substantielles, qui sont absentes dans le domaine physique. Ces formes substantielles, connues dans la philosophie islamique sous le nom de A'yān-i Sābite (أعيانة) - archétypes immuables existant dans la connaissance divine - sont ce qui donne aux objets corporels leur actualité. Dans ce cadre, les particules quantiques ne confèrent pas l'existence aux choses, mais reçoivent plutôt l'existence de ces formes substantielles, qui précèdent et fondent les phénomènes physiques.

Comme le conclut Smith,

> Cette position ontologique n'est pas une simple spéculation philosophique, mais une position qui nous est imposée par les découvertes physiques et notamment les résultats de la théorie quantique – à condition d'adhérer à une position réaliste, bien sûr. [117]

Ali Sebetci

[117] Cf. Smith, Wolfgang (2005), *The Quantum Enigma, finding the hidden key*, Hillsdale, N.Y. : Sophia Perennis.

CHAPITRE VIII

PHYSIQUE NEWTONIENNE ET ARISTOTÉLICIENNE : LA VOIE DE WOLFGANG SMITH VERS LA RÉCONCILIATION

La publication des *Principia Mathematica* de Sir Isaac Newton en 1687 a marqué une étape importante dans l'élaboration d'un compte rendu véritablement mathématique du mouvement. Avant le traité révolutionnaire de Newton, la compréhension de la cinématique par l'homme était largement ontologique. Des figures renommées de la physique prénewtonienne, telles qu'Aristote, proposaient des explications téléologiques pour les mouvements des corps.[118] Dans ses *Principia*, Newton s'est toutefois écarté de manière décisive de ce paradigme en réduisant la mécanique à son strict nécessaire. À cette fin, Newton a proposé un modèle révolutionnaire dans lequel des masses de matière informes sont régies par des forces universelles.[119] D'un certain point de vue, la mécanique de Newton a fait le premier pas vers l'approche instrumentale de la physique qui est trop répandue aujourd'hui. Cette approche se caractérise par une minimisation de l'ontologie et une forte dépendance à l'égard des concepts opérationnels pour obtenir des résultats empiriques.[120] Cependant, d'un autre point de vue, la mécanique de Newton était tout sauf instrumentale. En effet, bien que Newton ait éliminé la

[118] Voir Aristote, Physique, Livre IV

[119] Voir Newton, Principia

[120] *Stanford Encyclopedia of Philosophy* (*SEP*), Chang, Operationalism, https://plato.stanford.edu/entries/operationalism/

métaphysique de l'élaboration des prédictions, sa mécanique était toujours ancrée dans des entités métaphysiques objectives en tant qu'explications ultimes des résultats empiriques.[121]

Un exemple fascinant de cette dépendance métaphysique est le concept d'espace absolu de Newton. Selon Newton, il existe deux formes d'espace : les « espaces relationnels », définis par des relations spatiales mesurables entre les objets (par exemple, des distances mesurables et des vitesses relatives), et « l'espace absolu », une entité plus profonde et fondamentale dont on dit qu'elle existe indépendamment des objets qu'elle contient et qu'elle est la scène ultime de tous les mouvements.[122] L'espace absolu fonctionne uniquement comme un postulat métaphysique dans la mécanique de Newton, une reconnaissance qui est devenue le point de départ de l'un des débats scientifiques les plus intenses de l'histoire entre Newton et Gottfried Leibniz.[123]

Le « débat Newton-Leibniz », comme on l'appelle depuis, portait sur la question de savoir si l'espace devait être compris comme un ensemble de relations spatiales entre les corps (relationnisme) ou comme un espace absolu distinct de ces corps et de leurs relations spatiales (substantivisme).[124] Dans un premier temps, la position de Newton a prévalu, étayée par des expériences de pensée telles que le « seau de Newton ».[125] Cependant, le consensus moderne s'est progressivement orienté vers le relationnisme, notamment avec l'introduction du principe de Mach et de la relativité d'Einstein.[126] Ainsi, aujourd'hui, le concept d'espace absolu de

---

[121] *SEP*, Rynasiewicz, Newton's Views, https://plato.stanford.edu/entries/newton-stm/

[122] Newton (1999), Principia, Scholium

[123] *SEP*, Hoefer, https://plato.stanford.edu/entries/spacetime-theories-classical/.

[124] *SEP*, Hoefer, *ibid.*

[125] *SEP*, Hoefer, *ibid.*

[126] *SEP*, Huggett, https://plato.stanford.edu/entries/spacetime-theories/

Newton est largement considéré comme une autre notion désuète qui devrait être reléguée dans les livres d'histoire !

Néanmoins, dans cet essai, je tenterai de convaincre le lecteur averti que le concept d'espace absolu de Newton n'est pas aussi problématique que certains pourraient le soupçonner. Le conflit entre relationnistes et substantivistes peut être largement réconcilié en adoptant certaines distinctions ontologiques proposées par Wolfgang Smith. Dans cette perspective, je soutiendrai que l'espace absolu et le relationnisme ne sont que les deux faces d'une même médaille. J'utiliserai ensuite cette conclusion pour soutenir que certaines questions de mécanique, traditionnellement considérées comme physiques, sont en fait métaphysiques et peuvent être résolues en conséquence. Plus précisément, ces questions concernent la nature des cadres de référence et de la physique. Enfin, j'explorerai comment ces idées, lorsqu'elles sont combinées, ouvrent la possibilité de revitaliser la mécanique aristotélicienne, même si c'est dans un sens nuancé !

L'ontologie de Wolfgang Smith

Pour Wolfgang Smith, un homme qui n'a plus besoin d'être présenté, notre univers peut être divisé en deux domaines cruciaux. Le premier domaine est l'« univers corporel », qui englobe les corps et les qualités sensibles que nous rencontrons avec nos cinq sens ordinaires.[127] La métaphysique actuelle a très souvent tendance à imposer la subjectivité à ce type de qualités. À l'instar de Locke, les qualités sensibles ou « secondaires » telles que la couleur sont souvent interprétées comme étant l'artifice de notre esprit plutôt qu'une propriété inhérente au monde extérieur.[128] Cependant, Wolfgang Smith s'oppose avec véhémence à cette notion, soutenant que tous

[127] Smith, 2005, *The Quantum Enigma*, chapitre 1

[128] *SEP*, Bolton, https://plato.stanford.edu/entries/qualities-prim-sec/

les attributs perçus sensoriellement font partie intégrante des objets externes que Smith appelle « corporels ».[129] Dès lors, le domaine indépendant de l'esprit contenant ces attributs et leurs corps sera appelé l'univers corporel.

Le deuxième domaine principal de l'ontologie de Smith est l'univers physique, qui englobe les entités mesurables accessibles aux physiciens.[130] Smith divise ensuite le domaine physique en deux autres sous-domaines. Le premier, le domaine transcorporel, comprend les objets mesurables qui ne sont pas directement associés à une entité corporelle spécifique.[131] Dans un livre récent, Smith identifie directement les objets transcorporels aux systèmes quantiques.[132] En revanche, le sous-domaine suivant, l'univers sous-corporel, se compose d'objets corporels compris en termes mesurables ou bifurcationnistes.[133] Pour tout objet corporel X, doté de qualités sensibles, il existe un objet sous-corporel correspondant, SX. Contrairement à X, SX est dépourvu de qualités sensibles et représente les restes quantitatifs de X. En d'autres termes, SX est X conçu dans les termes mesurables de la physique, c'est-à-dire géométriquement, thermodynamiquement et spatio-temporellement, etc.[134]

Bien qu'un SX soit indubitablement quantitatif, il participe néanmoins à la réalité d'un X, ce qui conduit Smith à sa prochaine distinction fondamentale entre la totalité et la totalité irréductible (TI). Dans le cadre ontologique de Smith, la totalité irréductible transcende une simple addition de parties, contrairement à la totalité ordinaire qui n'est qu'une

[129] Smith, 2005, *The Quantum Enigma*, chapitre 1

[130] *Ibid.*, p. 29.

[131] *Ibid.*, p. 35.

[132] *Ibid.*, pp. 28-33.

[133] *Ibid.*, p. 34.

[134] *Ibid.*

collection de parties.[135] Le cercle est un exemple classique de la totalité irréductible. Puisque toute instanciation d'un cercle, par définition, ne peut être réduite à une simple collection de points sur un graphique.

Pour illustrer cela, imaginez un graphique rempli d'un ensemble aléatoire de points non reliés entre eux et dispersés sur l'ensemble du plan. Malgré la possibilité de relier ces points pour former un cercle, aucun observateur rationnel ne percevrait un cercle dans cet arrangement chaotique avant de le faire. Cela indique sans doute qu'un cercle n'est pas réductible à un ensemble de points sur un graphique et qu'il constitue donc une totalité irréductible (TI). En outre, même si nous imaginons une collection de points disposés en cercle, il est clair que le concept de "cercle" doit précéder la disposition de ces points ; sinon, il serait impossible de les organiser dans cette forme en premier lieu. Ce fait a été reconnu par le célèbre psychologue de la Gestalt Wolfgang Kohler, qui a réitéré l'idée d'Aristote selon laquelle « le tout est plus que la somme de ses parties ».

Dans le monde corporel, Smith affirme que tout objet corporel X est nécessairement une TI. Cette caractéristique est encore renforcée par le fait que les objets corporels possèdent ce que saint Thomas d'Aquin appelle une "forme substantielle" : la forme de base (idée) qui organise la matière en une chose plutôt qu'une autre.[136] En outre, puisque tous les objets corporels X sont des totalités irréductibles, leurs contreparties SX doivent l'être également. Cependant, la totalité irréductible associée à un SX est purement quantitative et instancie les propriétés physiques classiques objectives que l'on trouve également dans l'objet corporel X qui lui est associé, en vertu de cette participation.[137]

---

[135] Smith, « L'intégralité irréductible et le théorème de Dembski ».
[136] SEP, Pasnau, https://plato.stanford.edu/entries/aquinas/#FormMatt
[137] Smith, 2023, p.26-27

Substantivisme et relationnisme

À la lumière de l'ontologie de Wolfgang Smith, nous pouvons maintenant relever le défi de réconcilier le substantivisme et le relationnisme. En substance, ma proposition est que dans le domaine sous-corporel, le relationnisme a la priorité. Cependant, lorsque nous nous élevons dans le monde corporel, nous rencontrons plus que de simples relations spatiales ; nous trouvons un espace absolu qui existe indépendamment des corps qu'il contient.

Lorsque nous portons notre regard sur le monde corporel, nous rencontrons indéniablement un espace qui transcende la simple mesure. Ce que nous percevons, à l'évidence, est un espace indépendant, distinct des corps qu'il contient et des relations spatiales mesurables qui existent entre eux. En d'autres termes, l'espace semble être plus que la somme de ses parties et posséder une perceptibilité/corporéité. C'est l'une des raisons pour lesquelles je propose que l'espace du domaine corporel soit considéré comme sujet dépassant la somme de ses parties/relations mesurables. En fait, dans le domaine corporel, l'espace assume une identité propre, en tant que TI, et en tant que contenant-frontière indépendant[138] , en raison de cette perceptibilité. [139]

---

[138] L'expression « frontière-contenant » fait référence à la nature de « frontière cosmique » de l'espace. Cependant, comme le souligne Smith, l'espace en tant que frontière n'est pas incompatible avec le fait qu'il soit également un « conteneur vide », c'est-à-dire une substance distincte contenant des objets (https://philos-sophia.org/cosmic-measurable-time/). En outre, il se pourrait que l'aspect frontière de l'espace soit prioritaire, tandis que l'aspect contenant dépende de manière parasitaire du premier.

[139] La perceptibilité indépendante signifie que l'espace corporel est perçu comme une entité distincte des corps qu'il contient. Cela n'implique pas que d'autres corps ne soient pas nécessaires pour nous aider à percevoir un tel espace, comme dans le cas de la perception visuelle, qui peut nécessiter des objets comme points de référence pour évaluer la présence d'un espace indépendant.

Cependant, lorsque nous quittons le domaine corporel pour entrer dans le sous-corporel, il ne reste que les relations spatiales mesurables entre les entités, telles que les distances mesurables. Cette conclusion s'aligne étroitement sur l'approche fondamentale de la physique, qui se concentre intrinsèquement sur ces relations sans invoquer la notion d'espace absolu. Cette synthèse du substantivisme et du relationnisme montre que les deux perspectives sont valables, mais à des niveaux ontologiques différents. Bien entendu, nous devons beaucoup à Wolfgang Smith, dont la distinction entre les domaines corporel et physique constitue le fondement de cette réconciliation.

Si le domaine corporel s'accompagne indubitablement d'un espace qui transcende les relations spatiales mesurables, il est également vrai qu'au niveau corporel, l'espace est mesurable. La raison en est que, bien que l'espace puisse effectivement être divisé en un ensemble de relations mesurables d'une part, et en quelque chose de plus grand d'autre part, la conception mesurable de l'espace au niveau sous-corporel participe toujours à la conception non mesurable de l'espace au niveau corporel. Analogiquement, un SX doit participer à une entité corporelle X tout en maintenant une identité parasite distincte de cette X.[140] Par conséquent, bien que le substantivisme et le relationnisme soient tous deux des notions valables dans leurs domaines respectifs, il existe toujours un sens dans lequel la conception relationnelle de l'espace est subordonnée à la conception substantiviste. En effet, la première agit comme une partie mesurable de la seconde.

Les conclusions tirées ici à propos de l'espace s'appliquent également à la nature du temps, mais avec une différence majeure. Pour Wolfgang Smith, le temps ne réside pas dans le corporel, mais dans un domaine supérieur appelé

---

[140] Smith, 2023, P.27

l'intermédiaire.[141] Selon Smith, il existe au niveau intermédiaire un flux ininterrompu de temps cosmique distinct de toute relation temporelle entre les corps.[142] Ce temps cosmique est par essence incommensurable, mais il détermine également les relations temporelles mesurables au niveau sous-corporel.[143] Pour utiliser le lexique de la physique moderne, le « substantivisme » du temps est valable au niveau intermédiaire et le « relationnisme » du temps est valable au niveau sous-corporel.

Une fois de plus, nous pouvons également supposer que les relations temporelles mesurables entre les corps sous-corporels participent à l'essence du temps incommensurable à l'intermédiaire. Il en est ainsi parce que le temps cosmique détermine et soutient ces relations mesurables. Cependant, les relations temporelles mesurables entre les corps ne sont pas essentielles à la nature du temps. Le temps serait toujours concevable sans qu'il y ait des corps en relations temporelles mesurables, tout comme l'espace est concevable substantivement sans relations spatiales mesurables. Au contraire, ces relations mesurables tirent leur existence de leur participation à quelque chose d'incommensurable. Comme le remarque Platon dans le *Parménide*, « si l'un n'a aucune participation au temps, il n'est jamais venu à l'être, ni n'était en train de le devenir, et il n'a jamais été, ni n'est maintenant en train de naître, ni n'est » ![144]

Téléologie, mouvement et physique

Les analyses précédentes ont préparé le terrain pour ce qui va

---

[141] Smith, The Tripartite Wholeness, https://philos-sophia.org/the-tripartite-wholeness/.

[142] Smith, Cosmic vs. Measurable Time, https://philos-sophia.org/cosmic-measurable-time/.

[143] *Ibid.*

[144] Platon, *Parménide*, 141e.

maintenant être traité dans cette section. La relation entre la téléologie, les cadres de référence et la physique.

L'affirmation chère à tous les étudiants en physique selon laquelle "tous les référentiels inertiels sont égaux" est un principe bien connu. Ce principe affirme essentiellement qu'entre deux référentiels qui n'accélèrent pas, aucun ne peut prétendre à un état de mouvement absolu par rapport à l'autre. En termes plus simples, aucun référentiel inertiel ne peut se déclarer à juste titre comme étant réellement stationnaire tout en considérant l'autre comme étant réellement en mouvement.[145] Les affirmations concernant le mouvement doivent plutôt être relativisées en fonction du point de vue de cadres de référence inertiels spécifiques. Cependant, à la suite de la section précédente, l'existence d'un espace absolu suggère que ce principe peut être incomplet. L'existence et la corporalité de l'espace absolu impliquent fortement que le mouvement inertiel va au-delà d'un simple phénomène physique et doit donc, en un sens, être absolu.

Dans ce contexte, je soutiendrai que certains référentiels inertiels peuvent en effet être privilégiés par rapport à d'autres, bien que sur une base non physique ou corporelle[146] . Quelle est donc la base de ce privilège ? Pour l'essentiel, je propose que ce fondement soit téléologique. Après avoir défendu et exposé ma proposition, je conclurai cette section en examinant ses ramifications pour notre compréhension plus large de la relation entre la physique et le mouvement.

Pour illustrer ma proposition, prenez un exemple classique : un train se déplaçant sur des rails. Selon la physique, il

---

[145] Maudlin, 2015, pp. 51-52.

[146] Il ne s'agit pas de rejeter la possibilité de privilégier physiquement certains cadres de référence. Cependant, la véritable base de ce privilège est fondamentalement non physique, et toute manifestation physique ne fait que refléter ce principe sous-jacent plus profond sous la forme d'une signature quantitative.

est tout à fait cohérent d'affirmer que les rails se déplacent alors que le train reste immobile, du point de vue du train.[147] Et dans un certain sens, cette affirmation est vraie, car ce que le physicien perçoit n'est pas réellement un train et des rails, mais un SX. Cependant, lorsque nous ouvrons littéralement les yeux, nous ne voyons évidemment pas un SX, mais un objet corporel doté d'une nature distincte et d'une forme substantielle qui lui sont propres, à savoir un train. En outre, au niveau corporel, l'examen de la nature d'un train révèle qu'il est intrinsèquement conçu pour le mouvement – son *telos*, ou but, est orienté vers le mouvement, alors que les rails n'ont pas cette téléologie. Nous pouvons donc en déduire que c'est le train, et non les rails, qui est véritablement en mouvement. En d'autres termes, le jugement de bon sens (c'est-à-dire le point de vue) d'un spectateur selon lequel c'est le train qui se déplace, et non les rails, s'avère en fin de compte exact !

Si mon raisonnement ne vous convainc pas, considérez la mécanique complexe d'un train à vapeur en mouvement. Le train exploite la force de la vapeur, générée par l'ébullition de l'eau dans sa chaudière, qui actionne des pistons reliés aux roues, propulsant le train vers l'avant. Ce processus complexe signifie un ordre inhérent au mouvement de la part du train. Nous avons donc une raison valable de privilégier le cadre de référence de la voie ferrée par rapport à celui du train. En termes plus simples, le train se déplace tandis que les voies restent immobiles lorsqu'elles sont en « mouvement relatif ». Cependant, cette conclusion n'est tirée que sur une base non physique et principalement au niveau corporel. Il est

[147] Mathématiquement, du point de vue d'un cadre inertiel, ce cadre est toujours considéré comme étant au repos lors de la construction des coordonnées spatio-temporelles. Cette perspective est cruciale, c'est pourquoi, du point de vue d'une personne se trouvant dans un train en mouvement inertiel, le train est perçu comme stationnaire alors que les rails semblent se déplacer.

important de noter que cette perspective n'affecte pas la physique, qui considère sans doute les systèmes inertiels comme des agrégats mesurables ayant des prétentions égales à des états de mouvement privilégiés – du moins en termes de cinématique brute.

De toute évidence, cette analyse peut s'appliquer non seulement aux trains, mais aussi à tout système intrinsèquement ordonné au mouvement, des vaisseaux spatiaux aux tortues. En général, je propose que lorsque deux objets se déplacent l'un par rapport à l'autre de manière inertielle, celui qui est intrinsèquement disposé au mouvement soit privilégié comme étant « en mouvement » par rapport à celui qui n'a pas un *telos* dans le domaine corporel.[148] Ce privilège se traduit alors de manière parasitaire dans le SX correspondant du système.

Mais comment interpréter les situations où il n'y a pas de disposition évidente au mouvement ? Par exemple, un rocher qui se déplace par inertie après avoir été lancé par un humain ou un rocher qui tombe vers la Terre sous l'influence de la gravité à une vitesse terminale.

Ces scénarios se répartissent généralement en deux catégories, comme le souligne Aristote dans sa Physique : 1. les mouvements qui se produisent naturellement ou qui découlent des tendances locomotrices inhérentes aux corps, et 2. les mouvements qui se produisent violemment ou qui vont à l'encontre des tendances locomotrices naturelles des corps.[149] Le

---

[148] À condition que l'objet soit bien entendu jugé comme étant en mouvement par le cadre opposé. Ce principe ne s'applique d'ailleurs qu'aux cas où un objet porte un *telos* vers le mouvement et l'autre non. Dans les scénarios impliquant plusieurs objets avec de tels teloi, un nouveau principe doit être établi – peut-être dérivé du contexte téléologique de certaines actions dans le monde corporel. Ce principe ne sera pas développé dans cet essai en raison de sa complexité potentielle.

[149] Voir Aristote, *Physique*, L. IV et VIII.

cas d'un rocher tombant vers la terre constitue un exemple de « mouvement naturel ». Ce mouvement résulte de la tendance inhérente du rocher à se déplacer vers le centre de la Terre, où il trouve son « lieu de repos naturel ».[150] En revanche, le cas d'un rocher lancé constitue un cas de mouvement violent, car il va à l'encontre de la tendance naturelle du rocher à être au repos près du centre de la Terre.

Dans les cas de « mouvement naturel », il existe clairement des dispositions inhérentes au mouvement, même si elles ne sont pas évidentes. Pour discerner pleinement ces tendances, je propose qu'on les considère dans un cadre métaphysique plus large du mouvement, comme on le voit dans la physique d'Aristote par exemple. Lors de l'analyse de deux cadres de référence en mouvement inertiel relatif, la priorité devrait être donnée au cadre dans lequel l'objet corporel présente une prédisposition actualisée au mouvement, plutôt qu'au cadre dans lequel l'objet n'en présente pas. Or, dans les cas de mouvement violent dans le domaine corporel, ce mouvement provient d'un objet, A, en interaction causale avec un autre objet, B. L'objet B a pour but inhérent (*telos*) soit d'être lui-même en mouvement, soit de transmettre un mouvement à A. Dans les cas de mouvement inertiel violent, les objets impliqués dans cette interaction causale doivent être considérés comme « en mouvement » par rapport aux objets qui ne le sont pas. Par conséquent, dans les cas où les dispositions au mouvement ne sont pas évidentes, le véritable mouvement au niveau corporel peut toujours être discerné téléologiquement. Une fois de plus, ces conclusions sur le mouvement n'ont pas d'impact sur la physique puisqu'elles émanent du domaine corporel.

Les résultats susmentionnés nous invitent à reconsidérer la relation entre la physique et le mouvement. Plus précisément, ils nous obligent à nous poser la question suivante : la

---

[150] Voir Aristote, *Physique*, L. IV.

physique traite-t-elle du mouvement, au sens propre du terme ? Traite-t-elle des véritables changements de place dans l'espace au cours du temps ?

Comme nous l'avons vu, à l'exception potentielle de l'électrodynamique, la physique traite tous les cadres de référence inertiels de la même manière. Ce fait suggère qu'en termes de mécanique brute, la physique des systèmes inertiels est aveugle au mouvement. Si tous les systèmes peuvent prétendre être en mouvement, cela suggère que, dans un sens fondamental, aucun ne l'est vraiment. En d'autres termes, cela indique qu'il n'y a pas de changements authentiques dans l'espace au fil du temps, car lorsque chaque système peut prétendre à cela aux dépens d'un autre, ces affirmations deviennent effectivement banales et s'annulent les unes les autres. Cette conclusion est particulièrement vraie si l'on considère que la physique est aveugle à l'origine téléologique du mouvement - le facteur distinctif qui, selon moi, sépare les cadres de référence inertiels. Par conséquent, lorsqu'il s'agit de systèmes inertiels, la physique ne traite pas du mouvement en tant que tel. Elle traite plutôt d'une version de substitution du concept dans laquelle tous les systèmes ont les mêmes privilèges et les corps « bougent » les uns par rapport aux autres[151] .

Ce concept de substitution du mouvement ne devient intelligible pour nous que parce que nous l'ancrons dans notre compréhension corporelle du mouvement, qui invoque intrinsèquement la téléologie et la nature intrinsèque des choses. La version à moitié cuite du mouvement inertiel du physicien reçoit son être en participant de manière parasitaire à notre notion corporelle du mouvement. En d'autres termes, elle établit les contours de la distinction entre le vrai et le faux mouvement au niveau corporel, tout comme les fondations d'une

[151] Pour les raisons mentionnées, le mouvement relatif s'avère ne pas être un concept de mouvement significatif.

maison soutiennent la structure qui repose sur elles. Cependant, tout comme la compréhension de la fonction d'une fondation structurelle ne peut se faire de manière isolée, il en va de même pour la compréhension de la conception des cadres d'inertie par les physiciens !

En ce qui concerne les scénarios impliquant l'accélération, il semble à première vue que la physique traite du mouvement. L'accélération d'un corps est, après tout, universellement acceptée par tous les cadres inertiels et est donc considérée comme un « absolu » dans la mécanique newtonienne. Cependant, cette première conclusion est également trompeuse. Comme indiqué précédemment, la physique moderne a en quelque sorte commencé avec Sir Isaac Newton, en particulier avec sa « loi du mouvement » qui établit un lien entre l'accélération d'une particule de masse et la « force extérieure » agissant sur elle. Mais, à proprement parler, cette loi ne s'intéresse pas au mouvement en tant que tel, mais à ses variations. Et à juste titre, puisque l'accélération est censée représenter un changement dans une quantité prédéfinie (la vitesse) plutôt que de fournir une valeur pour cette quantité.

Par conséquent, il s'ensuit que la physique, du fait de sa nature même, ne peut rien nous dire sur le « repos et le mouvement » dans un sens significatif – non pas parce que cela n'existe pas, mais parce que la physique est conçue pour traiter des notions qui soit fondent le mouvement conceptuellement, soit traitent de sa variance. Ce point aveugle de la physique est le résultat direct de son ignorance de l'espace absolu et de la téléologie des cadres inertiels au niveau corporel.

Vers une restauration de la physique aristotélicienne

Les deux dernières sections ont donné lieu à deux révélations essentielles. La première est qu'il existe un espace absolu, mais que son existence est corporelle. La seconde est que certains cadres de référence inertiels peuvent être objectivement privilégiés par rapport à d'autres pour des raisons téléologiques. Ensemble, ces deux résultats impliquent une réévaluation de la physique aristotélicienne. Une théorie qui a longtemps été considérée comme chimérique par les physiciens et les philosophes du monde entier.

À cette fin, je soutiendrai maintenant qu'une physique aristotélicienne des corps et la conception du mouvement du physicien moderne constituent deux parties indispensables d'un compte rendu encore plus complet du mouvement. Toutefois, avant de présenter ma thèse, je vais d'abord donner un bref aperçu de ce qu'est la physique aristotélicienne et de sa pertinence dans le contexte de la physique contemporaine.

Le principe fondamental qui sous-tend la physique aristotélicienne, exposé dans le texte d'Aristote du même nom, est que le mouvement est une forme de changement de la puissance à l'acte. Pour Aristote, il existe donc deux types de changement ou de « mouvement ». Le type de changement observé lorsqu'une substance change dans ses caractéristiques accidentelles et un changement dans la localisation spatiale d'un corps au fil du temps.[152] Les deux types de mouvement impliquent « l'actualisation de ce qui était autrefois potentiel ».[153] Dans le cadre de cet essai, lorsque j'utiliserai le terme « mouvement », je me référerai au deuxième type de changement. Cela correspond à la façon dont le terme a été utilisé précédemment dans cet essai.

Dans sa description du mouvement, Aristote utilise deux concepts pour expliquer ce phénomène. Le premier, que nous avons déjà vu, a été largement traité : il s'agit de la téléologie. Le second est le concept de force. Cependant, pour Aristote, la force n'est pas définie selon l'étiquette de la physique moderne, c'est-à-dire comme une influence se propageant à

[152] Voir Aristote, *Physique*, Livre III.
[153] *Ibid.*

travers un champ localement contenu et mathématiquement descriptible (généralement représenté par des scalaires ou des vecteurs). Pour Aristote, les forces sont plutôt considérées comme des pouvoirs émanant de la substance incommensurable d'un corps.[154] Malgré sa divergence avec la physique moderne, la notion de force d'Aristote entraîne toujours un changement dans l'espace au fil du temps, mais ce changement n'est pas censé être médié « physiquement » (c'est-à-dire par le biais de champs mathématisés). En employant ces deux concepts, Aristote a construit une théorie du mouvement qui s'applique à un large éventail de contextes, notamment le mouvement terrestre et céleste. Pour les besoins de cet essai, cependant, je limiterai notre discussion au traitement du mouvement terrestre par Aristote.

Comme nous l'avons déjà mentionné, l'une des principales distinctions d'Aristote est celle qui existe entre le mouvement naturel et le mouvement violent. Le mouvement naturel résulte du *telos*, ou but, inhérent à un objet, qui le pousse vers sa place sur Terre.[155] Le mouvement violent résulte d'une perturbation du mouvement naturel d'un objet par une force provenant d'un autre corps.[156] Pour Aristote, les mouvements naturels des objets sont régis par de nombreux principes liés aux cinq éléments. Aristote pensait que les éléments comme la terre tendaient naturellement à reposer au centre de la Terre, tandis que les éléments comme l'eau, l'air et le feu avaient une tendance inhérente à s'élever en s'éloignant du centre, chacun à des degrés différents.[157] Ces comportements inhérents reflètent un *telos*, ou but, que possèdent les éléments et les objets qu'ils composent. En revanche, les mouvements violents se produisent lorsqu'une force extérieure est appliquée à un

---

[154] *Ibid.*, Livre VIII.
[155] *Ibid.*, Livre IV.
[156] *Ibid.*, Livre VIII.
[157] *Ibid.*, Livre IV.

objet, perturbant ainsi son mouvement naturel. Par exemple, le fait de lancer un rocher en l'air représente un cas de mouvement violent, car il interrompt l'inclination naturelle du rocher à tomber vers la Terre. Aristote affirme également que la force est transmise par le « contact » entre deux corps.

Ces idées fondamentales ont conduit Aristote à des conclusions qui ont souvent été considérées comme contraires à la physique moderne. Notamment, que le mouvement naturel des éléments tels que le feu, l'air, l'eau et la terre résulte d'un mouvement téléologique vers leurs lieux de destination. Aujourd'hui, cependant, nous interprétons ces phénomènes à travers le prisme des forces et des principes physiques. Par exemple, un rocher tombe sur le sol en raison du champ gravitationnel de la Terre, et non parce qu'il est animé d'une volonté téléologique de s'installer au cœur de la planète. De même, l'air s'élève en raison de sa faible densité, et non parce qu'il « désire » s'élever vers un endroit particulier. En outre, contrairement aux explications métaphysiques d'Aristote, la physique moderne présente le puissant avantage d'être fondée sur les mathématiques, ce qui nous permet de faire des prédictions précises et vérifiables sur le monde naturel.

Une autre façon dont la physique d'Aristote s'écarte de la physique moderne est que, dans le cas des mouvements violents, Aristote postule qu'une force est toujours nécessaire pour maintenir un corps en mouvement. Cela contredit de manière flagrante la première loi du mouvement/inertie de Newton, qui stipule qu'« un objet au repos reste au repos » : « un objet au repos reste au repos, et un objet en mouvement reste en mouvement à vitesse constante et en ligne droite, à moins qu'il ne soit soumis à une force déséquilibrée ».[158]

Ces divergences avec la physique moderne ont conduit la plupart des gens à considérer la physique aristotélicienne

---

[158] *Ibid.*, Livre VII.

comme dépassée, une relique d'une époque révolue. Cependant, comme le souligne Carlo Rovelli, nous ne devrions pas être aussi prompts à tirer cette conclusion. Selon lui, la physique aristotélicienne peut être considérée comme une approximation de la mécanique newtonienne lorsqu'elle est appliquée à des corps se déplaçant dans des fluides.[159] Par conséquent, l'idée que la physique aristotélicienne ne contient aucune vérité est tout simplement erronée. Une fois de plus, la véracité de la physique aristotélicienne devient encore plus puissante lorsque nous considérons son véritable objectif et sa place ontologique, en particulier à la lumière du récit de Wolfgang Smith sur la réalité. En fait, comme je vais maintenant le démontrer, la compréhension du mouvement par les physiciens modernes et celle d'Aristote ne sont pas seulement compatibles, mais lorsqu'elles sont combinées ensemble, elles offrent en réalité une vision plus profonde et plus éclairante du mouvement.

Tout d'abord, lorsque l'on se demande si le mouvement naturel est mû par des forces et des champs physiques ou par le *telos* des éléments, il n'y a aucune raison pour que ces deux explications ne coexistent pas à des strates ontologiques différentes, correspondant respectivement aux domaines corporel et physique de Smith. Au niveau corporel, les explications téléologiques rendent compte des mouvements naturels généralisés des corps dans ce domaine. Quant aux explications physiques, qui font intervenir des forces et des champs, elles s'appliquent au mouvement au niveau physique ou SX, offrant une perspective quantitative, mais complémentaire sur le mouvement. Les deux sont complémentaires dans la mesure où les explications téléologiques abordent le « pourquoi » général – pourquoi les mouvements naturels se produisent de la manière dont ils le font - tandis que les explications physiques

---

[159] Voir Rovelli, 2015, *Aristotle's Physics : Le regard d'un physicien.*

rendent compte des comportements observables et mesurables qui surviennent lorsque les corps accomplissent ces mouvements généralisés. Prises ensemble, ces « explications contradictoires » permettent une compréhension plus complète du mouvement naturel d'un point de vue qualitatif et quantitatif. Pour illustrer cette idée par un exemple, le *telos* aristotélicien d'un rocher fournit l'explication générale de la raison pour laquelle le rocher tombe sur le sol lorsqu'il est relâché. La notion quantitative de gravité, formulée dans le langage mathématique d'une théorie scientifique, explique les spécificités mesurables qu'une pierre présente pendant sa chute libre. Il s'agit de facteurs tels que la vitesse de la pierre, l'accélération gravitationnelle et la perte d'énergie potentielle, entre autres.

Cette compatibilité entre les explications téléologiques et physiques s'étend au-delà de la gravité pour englober toutes les formes de mouvement naturel manifestées par les éléments, comme décrit précédemment. En outre, je propose que les explications téléologiques prennent le pas sur les explications physiques, car elles offrent les raisons ultimes pour lesquelles ces mouvements se produisent. Dans ce contexte, les explications physiques assument un rôle secondaire, contribuant aux dictats de ces raisons ultimes en fournissant les caractéristiques quantitatives du mouvement naturel, qui sont accessibles par le biais du modus operandi de la physique et visibles dans les cas de mouvement naturel.

Maintenant que nous avons abordé la question du mouvement naturel, nous pouvons nous concentrer sur le conflit apparent entre le point de vue d'Aristote et la première loi du mouvement de Newton. Je propose de résoudre cette tension en reconnaissant que le concept de force d'Aristote est fondamentalement différent de celui de Newton. Comme indiqué précédemment, Aristote concevait les forces comme étant essentiellement des pouvoirs ou des propensions à affecter des changements spatiaux émanant des formes substantielles des corps. Fait essentiel, il ne les considérait pas comme des actions mesurables se propageant à travers des champs mathématisés. Cette différence frappante entre la conception de la force d'Aristote et celle du scientifique moderne ouvre la voie à la réconciliation du point de vue d'Aristote sur le « mouvement éternel » avec la première loi de Newton.

En ce qui concerne les forces, en tant qu'actions mathématisées, Newton a tout à fait raison d'affirmer qu'un objet mis en mouvement par une force continuera à se déplacer indéfiniment dans le vide sans l'application continue de cette force (c'est-à-dire la première loi de Newton). Ce fait est trivialement vrai étant donné le formalisme mathématique de la physique newtonienne/moderne. Cependant, du point de vue des pouvoirs de causalité, Aristote a également raison de noter que l'application continue d'une force est nécessaire pour maintenir le mouvement. En effet, si nous considérons les forces comme émanant des substances des corps, comme des pouvoirs causaux, il n'y a aucune raison de penser que les forces n'influencent pas continuellement d'autres corps, même s'ils ne sont pas en contact physique direct ! En fait, en tant que principe général, on peut comprendre qu'une fois qu'une force aristotélicienne fait bouger ou changer un corps dans l'espace, elle continue d'exercer une influence « à distance » sur ce corps jusqu'à ce qu'une autre force agisse sur lui. Les perspectives newtonienne et aristotélicienne sur le mouvement sont donc complémentaires. Bien qu'il soit exact qu'un corps puisse théoriquement continuer à se déplacer indéfiniment dans le vide, s'il a été initialement mis en mouvement par une force newtonienne provenant d'un autre corps, son mouvement est perpétuellement maintenu par une force aristotélicienne opérant à un niveau métaphysique entre les deux corps, même en l'absence d'une force newtonienne continue.

En résumé, les idées présentées ici n'en sont qu'à leurs débuts et peuvent sembler incomplètes à ce stade. Cependant, en les développant davantage, ces concepts pourraient ouvrir la voie à une renaissance de la physique aristotélicienne. La première étape de cette entreprise consiste à affiner l'intégration de la physique aristotélicienne avec la mécanique classique au niveau terrestre. Ensuite, il sera important d'explorer comment les vues d'Aristote sur les corps célestes peuvent être réconciliées avec les compréhensions modernes du cosmos, étayées par des données empiriques.

Remarques finales

Au début de cet essai, il a été souligné que les racines de la physique moderne remontent en grande partie à Sir Isaac Newton. Les travaux révolutionnaires de Newton ont jeté les bases de cette discipline et, depuis lors, la physique s'est efforcée d'écarter tout concept de mouvement non physique ou absolu. Cette démarche est d'autant plus ironique que Newton lui-même prônait l'existence d'un espace absolu !

Cependant, comme le suggèrent les arguments de cet essai, la quête pour éliminer de telles notions semble avoir été finalement vaine. En s'appuyant sur les travaux de Wolfgang Smith, il est tout à fait raisonnable de postuler l'existence d'un espace et d'un temps absolus. En outre, les visions absolutistes ou substantivistes de la réalité spatio-temporelle peuvent être harmonisées avec les perspectives relationnistes, grâce aux distinctions ontologiques clés introduites par Smith. Une fois de plus, il a été proposé que les distinctions téléologiques basées sur les réalités corporelle et physique telle que les comprend Smith donnent lieu à un mécanisme non physique capable de distinguer les cadres de référence et de permettre une éventuelle revitalisation de la physique aristotélicienne.

En gardant tout cela à l'esprit, ce qu'il faut maintenant, c'est déployer en profondeur les concepts et les idées développés dans cet essai. Les fondations nécessaires ont été posées pour une compréhension du mouvement dans le cadre de l'ontologie de Smith. Cependant, il reste encore beaucoup à faire, notamment en appliquant certains des principes de cet essai à des exemples plus complexes et à des domaines d'analyse plus nuancés. Les conclusions tirées de cet essai nous rappellent la richesse et l'étendue de l'héritage de Wolfgang Smith. Un héritage qui, j'en suis sûr, a encore beaucoup à offrir à l'humanité dans sa quête de compréhension de la réalité. En ce qui concerne l'œuvre de Wolfgang Smith, nous avons à peine effleuré la surface de ce qu'elle est susceptible de révéler !

John Taylor

Chapitre IX

Restaurer une ontologie intégrale : Wolfgang Smith sur les limites du scientisme

Tout au long de son extraordinaire corpus d'écrits, Wolfgang Smith (1930-2024) n'a jamais manqué de souligner que « les fondements philosophiques de la physique sont dans le plus grand désordre »[160]. Nous pouvons également nous intéresser aux principes théoriques de son travail pour tenter de comprendre la crise à laquelle la psychologie moderne et le traitement de la santé mentale sont confrontés aujourd'hui,[161] et ce faisant, appliquer son évaluation pénétrante de la physique – et de la science moderne en général – à la discipline de la psychologie, dans l'espoir de réhabiliter sa véritable ontologie.

La façon dont s'est imposée une conception moderne de la psyché humaine dans la majeure partie du monde (où l'influence de l'Occident est le plus prononcée) n'est rien de moins qu'hégémonique et autoritaire. À ce jour, ce phénomène reste incontrôlé. La psychologie prétend être une science, alors qu'elle limite faussement le champ dc ses connaissances. Mais à quel type de savoir adhère-t-elle ? Car il existe des niveaux de réalité et des modes de connaissance

---

[160] Wolfgang Smith, "Rediscovering the Corporeal World", in *The Quantum Enigma: Finding the Hidden Key* (Hillsdale, NY : Sophia Perennis, 2005), p. 27.

[161] Voir Samuel Bendeck Sotillos, "The End of Quantum Reality : A Conversation with Wolfgang Smith", *Sacred Web : A Journal of Tradition and Modernity*, Vol. 45 (été 2020), pp. 48-65.

distincts. Certaines épistémologies ont accès à des horizons transcendants, tandis que d'autres se limitent à ce qui concerne les cinq sens. Trop souvent, nous oublions de nous demander si la psychologie, dans son état actuel, nous offre une véritable sagesse. Les diverses cultures de l'humanité traditionnelle ont leurs propres notions (beaucoup plus) profondes sur la psyché humaine, qui n'en sont pas moins scientifiques, même si ce qualificatif n'est pas utilisé pour en parler.

Smith développe son propos comme suit : « La chose la plus nécessaire pour une juste évaluation de la science moderne est la distinction entre "connaissance scientifique" et "croyance scientiste", c'est-à-dire entre la *science* proprement dite et le *scientisme* »[162]. Le problème est qu'à l'heure actuelle, ces deux notions sont confondues et, à bien des égards, devenues inséparables. On oublie souvent que l'influence de l'observation humaine sur les hypothèses scientifiques est bien trop fréquemment négligée. Cela a des implications considérables pour l'empirisme. Smith écrit que « à proprement parler, il n'existe pas de "fait empirique" – tant que le terme est compris comme excluant le rôle concomitant de la théorie »[163]. Il faut donc faire preuve de vigilance et de discernement pour distinguer les vraies formes de science de la simple idéologie. Il observe que « le scientisme est lui-même une sorte de religion »[164], ajoutant qu'il « s'avère être, en fin de compte, l'idolâtrie d'une civilisation postchrétienne ».[165]

---

162 Wolfgang Smith, "Modern Science and Guénonian Critique", in *Science and Myth: What We Are Never Told* (San Rafael, CA : Sophia Perennis, 2010), p. 26. Trad. française in *Sagesse de la cosmologie ancienne,* (L'Harmattan, 2008).

163 Wolfgang Smith, "What is the Physical Universe", in *The Quantum Enigma: Finding the Hidden Key* (Hillsdale, NY : Sophia Perennis, 2005), p. 42.

164 Wolfgang Smith, « *Science, scientisme et religion* » in *Science, Scientisme et Religion* (L'Harmattan 2023), p. 209.

165 Wolfgang Smith, « La science moderne et la critique guénonienne » in *Sagesse de la cosmologie ancienne* (L'Harmattan 2008), p. 285.

L'une des principales raisons qui rendent les réflexions de Smith sur la physique importantes pour d'autres disciplines (y compris la psychologie) est la suivante : « []a physique s'avère finalement ne pas être la science fondamentale à partir de laquelle toutes les autres sont en principe dérivées »[166]. Dans cette optique, il est erroné de restreindre l'objet de toute connaissance à la seule réalité corporelle. Nous avons tendance à considérer la science moderne comme l'unique arbitre de la vérité, alors qu'elle n'est qu'un moyen parmi d'autres de discerner la vérité. Nous devons nous rappeler, comme Smith nous y incite, qu'« il n'y a pas seulement d'autres modes de pensée, mais aussi d'autres modes de science authentique ».[167]

La racine de la crise qui affecte la psychologie moderne est le « bifurcationnisme cartésien » – le dualisme entre l'esprit et le corps (matière comprise) qui a infecté la mentalité de l'Occident depuis le XVIIe siècle, et qui continue à être par défaut l'ontologie de l'Occident moderne bien qu'il n'ait, il convient de le préciser, « aucun fondement scientifique »[168]. En fait, Wolfgang Smith souligne que « la bifurcation cartésienne constitue une erreur ontologique »[169]. La vision du cartésianisme[170] a été cruciale dans la construction de la métaphysique « à double face » qui régit la modernité aujourd'hui. Et il ajoute : « Les Lumières ont ainsi imposé une inversion ontologique à la civilisation occidentale : une rotation de 180

---

[166] Wolfgang Smith, "Preface to the Second Edition", in *Physics : A Science in Quest of an Ontology, Second Edition* (Philos-Sophia Initiative, 2023), p. ix.
[167] *Ibid.*
[168] Wolfgang Smith, "Descartes and the Loss of the Corporeal", in *Physics : A Science in Quest of an Ontology, deuxième édition* (Philos-Sophia Initiative, 2023), p. 7.
[169] *Ibid.*, p. 9.
[170] On sait désormais que ledit dualisme cartésien a été plaqué sur Descartes après coup (cf. André Charrak).

degrés, peut-on dire, en intervertissant le “haut” et le “bas” ».[171]

Smith évoque la gravité de la situation dans laquelle se trouve la science moderne en ces termes : « Il y a un prix à payer : une fois que le réel a été scindé en deux, personne apparemment ne sait comment recoller les morceaux. »[172] Cette myopie a pour conséquence de couper l’être humain de la réalité et de tout objectiver, enfermant encore davantage le psychisme dans une dichotomie sujet-objet. Le clivage « cartésianiste » partage la substance en deux aspects – qui seront dénommés *res extensa* (« entité étendue ») et *res cogitans* (« entité pensante ») – mais interdit de combler le fossé qu’il crée ; réduisant toute l’expérience humaine au domaine privé et subjectif, il détruit toute notion de réalité objective.

Ainsi est perpétuée l’illusion d’un monde fragmenté et d’un moi isolé, qui anéantit notre relation au sacré. Ce dualisme corps-esprit perdure dans la science moderne, en particulier dans les domaines de la psychologie et de la psychiatrie, où cette notion est profondément inscrite dans son cadre épistémologique. On le retrouve notamment dans le *modèle standard* de diagnostic clinique et de traitement des maladies mentales, qui sépare le psychologique (*psychè)* du biologique (*soma*). C’est l’ordre métaphysique qui rétablit l’harmonie dans une conscience qui a été déformée par le dualisme. Privées d’une ontologie intégrale, toutes les démarches scientifiques, y compris en psychologie, restent captives du relativisme.

---

[171] Wolfgang Smith, "Subcorporeal Physics and Vertical Causation", in *Physics : A Science in Quest of an Ontology, deuxième édition* (Philos-Sophia Initiative, 2023), p. 66.
[172] Wolfgang Smith, "Rediscovering the Corporeal World", in *The Quantum Enigma : Finding the Hidden Key* (Hillsdale, NY : Sophia Perennis, 2005), p. 7.

Smith développe les implications de la fracture ouverte par le cartésianisme, au-delà du simple clivage corps-esprit :

> On considère généralement cette partition cartésienne de la réalité en *res extensa* et *res cogitans* comme une simple affirmation de la dichotomie corps-esprit, en oubliant qu'il s'agit de bien plus que cela. En effet, non seulement Descartes a opéré une distinction nette entre l'esprit et le corps, mais il a en même temps imposé une conception extrêmement étrange et même problématique de la nature corporelle, une conception qui rend le monde extérieur non perçu et non perceptible.[173]

Bien que Smith aborde la question de l'âme humaine et de son lien avec l'ordre transpersonnel tout au long de ses écrits, il ne parle pas explicitement d'une « science de l'âme ». Cela dit, il a présenté sa critique radicale de la psychologie moderne dans deux chapitres de son livre *Cosmos & Transcendence : Breaking Through the Barrier of Scientistic Belief* (1984) ; le premier sur Sigmund Freud (1856-1939) intitulé « The Ego and the Beast », (Le Moi et la Bête)[174] et le second sur Carl Jung (1875-1961), intitulé « The Deification of the Unconscious », (La déification de l'inconscient).[175] Il convient

---

[173] Wolfgang Smith,"From Schrödinger's Cat to the Thomistic Ontology" dans *The Wisdom of Ancient Cosmology : Contemporary Science in Light of Tradition* (Oakton, VA : Foundation for Traditional Studies, 2003), p. 41, trad. française : *Sagesse de la cosmologie ancienne,* (L'Harmattan 2008), p. 45.

[174] Voir Wolfgang Smith, "The Ego and the Beast", in *Cosmos & Transcendence: Breaking Through the Barrier of Scientistic Belief* (Peru, IL : Sherwood Sugden & Company, 1990), pp. 92-109. (Cosmos et transcendance, franchir la barrière de la croyance scientifique (NdT), à paraître à L'Harmattan.

[175] Voir Wolfgang Smith, "The Deification of the Unconscious", in *Cosmos & Transcendence : Breaking Through the Barrier of Scientistic Belief* (Peru, IL : Sherwood Sugden & Company, 1990), pp. 110-133. (Cosmos et transcendance, franchir la barrière de la croyance scientifique (NdT), à paraître à L'Harmattan.

d'ajouter ses réflexions sur la psychologie moderne, qui « est non seulement présentée à l'envers, mais d'une manière dangereuse à l'extrême ».[176] Ces chapitres offrent une critique puissante de la façon dont la discipline s'est écartée de la voie qu'elle était censée suivre à l'origine, et comment ce processus a alimenté la crise spirituelle du monde moderne.

Les innombrables désordres de la psyché humaine sont des conséquences directes du projet des Lumières, qui a contribué à catalyser la perte de la transcendance dans la science moderne : Il ne fait aucun doute que « *l'éclipse de la transcendance constitue l'ultime dévalorisation du monde* ».[177] C'est pourquoi la myriade de crises qui découlent toutes de la cause première, les crises spirituelles du monde moderne sont inévitables, comme le souligne Smith :

> Dans une société où les « touts » sont régulièrement réduits à des sommes de parties, la totalité dans ses manifestations collectives en vient inévitablement à être remplacée par un individualisme anormal et perturbateur, mortel pour toute culture supérieure : on peut le constater aujourd'hui dans presque tous les domaines culturels. La désintégration en cours, qui a commencé dans la sphère religieuse, suivie par les arts authentiques, peut donc être considérée comme le premier effet d'une apostasie ontologique à laquelle ni l'individu ni la collectivité ne peuvent en fin de compte survivre.[178]

---

[176] Wolfgang Smith, "Astrology : The Science of Wholeness", in *The Vertical Ascent : From Particles to the Tripartite Cosmos and Beyond* (Philos-Sophia Initiative Foundation, 2020), p. 97, trad. française, "Astrologie, science de la totalité" in *Science, scientisme et religion, des particules au cosmos tripartite et au-delà,* (L'Harmattan, 2024), p. 130.

[177] Wolfgang Smith, "Appendix : Gnosticism Today", in*Teilhardism and the New Religion : A Thorough Analysis of the teachings ofTeilhard de Chardin* (Rockford, IL: TAN Books and Publishers, 1988), p. 240."Gnosticisme et néognosticisme" in *L'Evolutionnisme théiste de Teilhard de Chardin,* (L'Harmattan 2023), p. 295.

[178] Wolfgang Smith, "Platonist Cosmology: The Long Lost Key", dans

Il convient d'ajouter que le cosmos désacralisé des Lumières n'a pas de *telos* ou de but ultime ; il commence et se termine dans une impasse ontologique. Smith affirme : « Coupés comme jamais auparavant de la source de notre être, nous avons pratiquement oublié que la vie a un sens ».[179] Cette *Weltanschauung* inversée alimente inévitablement le nihilisme, l'aliénation et le déséquilibre : « Selon la vision du monde dominante, l'homme est en effet un étranger dans l'univers, un produit accidentel et éphémère de forces aveugles ».[180]

Toutes les cultures spirituelles du monde reconnaissent que la véritable unité s'enracine dans le discernement métaphysique : « Les grandes traditions sapientielles, tant en Orient qu'en Occident, ont déclaré avec insistance [...] que la totalité précède la division ».[181] Il s'agit là d'une idée importante qui souligne la dimension transpersonnelle de la science lorsqu'elle s'appuie sur une ontologie intégrative.

Smith introduit ainsi le concept de *totalité irréductible* « qui ne se réduit pas à une somme de parties »[182] et où « une partie d'un tout irréductible participe de sa totalité ».[183] Le problème fondamental est qu'une telle vision est

---

Physics : A Science in Quest of an Ontology, deuxième édition (Philos-Sophia Initiative, 2023), pp. 129-130.

[179] Wolfgang Smith, « Science and Myth », in *Science and Myth : What We Are Never Told* (San Rafael, CA : Sophia Perennis, 2010), p. 18.

[180] Wolfgang Smith, « Introduction », *The Wisdom of Ancient Cosmology : Contemporary Science in Light of Tradition* (Oakton, VA : Foundation for Traditional Studies, 2003), p. 13.

[181] Wolfgang Smith, "The Tripartite Wholeness", in *The Vertical Ascent : From Particles to the Tripartite Cosmos and Beyond* (PSIF, 2020), p. 13, trad. Française : « La totalité tripartite », in *Science, scientisme et religion,* (L'Harmattan, 2024), p. 37.

[182] Wolfgang Smith, « Physics and Irreducible Wholeness », in *Physic : A Science in Quest of an Ontology, deuxième édition* (Philos-Sophia Initiative, 2023), p. 19.

[183] Wolfgang Smith, « Physics and Irreducible Wholeness », in *Physics: A Science in Quest of an Ontology, deuxième édition* (PSIF, 2023), p. 27.

incompréhensible pour la science moderne et son réductionnisme. La notion d'« être » a été abandonnée alors qu'elle est rigoureusement indispensable à une compréhension plus complète de la réalité. Smith affirme que « l'être et la totalité sont une seule et même chose »,[184] et fait l'observation importante que « les différentes façons de connaître correspondent à différents types d'être, ou, dirons-nous, à différents domaines ontologiques ».[185]

De l'avis de Smith, un des obstacles à la compréhension de la totalité est que « nous avons été conditionnés à y penser selon les termes de la théorie des ensembles »[186], ce qui conduit au réductionnisme. Il propose la notion de totalité irréductible comme alternative au bifurcationnisme cartésien. Parmi les traditions spirituelles du monde, l'accord est unanime sur le fait que la constitution tripartite de la personne – et du cosmos dont nous ne sommes que le miroir – comprend l'Esprit, l'âme et le corps, autrement dit les états spirituels, psychique et corporel. Smith écrit : « L'homme est un être tripartite – constitué de *corpus*, *anima* et *spiritus* – et ainsi en est-il du cosmos dans son ensemble »[187] ; et ailleurs : « Pour être précis,

---

[184] Wolfgang Smith, « Vertical Causation and Wholeness », in *The Vertical Ascent: From Particles to the Tripartite Cosmos and Beyond* (PSIF, 2020), p. 112, trad. française: « Causalité verticale et totalité » in *Science, scientisme et religion*, (L'Harmattan 2024), p. 143.

[185] Wolfgang Smith, « *Sophia Perennis* and Modern Science », in *The Wisdom of Ancient Cosmology* (Oakton, VA : Foundation for Traditional Studies, 2003), p. 24, trad. française: « Sophia perennis et science moderne », *Sagesse de la cosmologie ancienne*, (L'Harmattan, 2008), p. 25.

[186] Wolfgang Smith, « Irreducible Wholeness and Dembski's Theorem », in *Physics: A Science in Quest of an Ontology, deuxième édition* (Philos-Sophia Initiative, 2023), p. 45.

[187] Wolfgang Smith, « Science, Scientism, and Spirituality », in *The Vertical Ascent: From Particles to the Tripartite Cosmos and Beyond* (Philos-Sophia Initiative Foundation, 2020), p. 179. trad. française : *Science, scientisme et religion*, (L'Harmattan 2023), p. 216.

son corps appartient au domaine corporel, son âme ou *psychè* à l'intermédiaire, et son intellect, ou *nous,* à l'aeviternel. »[188]

La structure tripartite est une totalité, et non une division en parties non liées. Smith observe que « le lien entre "l'esprit, l'âme et le corps" ... est enraciné dans la *totalité irréductible* du composé *spiritus-anima-corpus* : une totalité qui dérive en fait du *spiritus*... le lien entre *spiritus* et *anima-corpus* s'avère indissoluble ».[189] La prééminence du monde invisible affirmée par les traditions spirituelles (et leurs psychologies correspondantes) a été progressivement supplantée par les exigences plus tangibles du monde sensoriel et de ses modes de connaissance empiriques, représentés par la culture matérialiste de l'Occident moderne. Le cosmos est constitué non seulement d'« être » (relatif à toutes les possibilités de l'ordre manifesté), mais aussi de « non-être » (relatif à l'ordre non manifesté). La métaphysique fournit donc une synthèse entre « être » et « non-être », et notre identité est pleinement intégrée au cosmos :

> Il existe une correspondance symbolique entre le cosmos dans sa totalité et l'homme, créature théomorphe qui récapitule le macrocosme en lui-même. L'homme est donc bien un « microcosme », un univers en miniature, et c'est la raison pour laquelle, symboliquement parlant, l'homme est situé au centre même du cosmos. En lui convergent tous les rayons, ou plutôt, à partir de lui, ils rayonnent dans toutes les directions jusqu'aux extrémités de l'espace cosmique… La raison de cette centralité est sans doute que l'homme, créé « à l'image de Dieu », porte en lui le centre d'où toutes choses ont jailli. C'est aussi pour cette raison qu'il peut comprendre le monde et que le cosmos est intelligible pour l'intellect humain. Il est capable de connaître l'univers parce que, d'une certaine manière, il lui préexiste.[190]

---

[188] Wolfgang Smith, "Platonist Cosmology, the Long Lost Key" in *Physics, a Science in Quest of an Ontology*, 2nd edition, (PSIF, 2023), p. 124.
[189] Wolfgang Smith, "On being and Consciousness" in *Physics, a Science in Quest of an Ontology*, 2nd edition, (PSIF, 2023), p. 124.
[190] Wolfgang Smith, "Progress in Retrospect" in *Cosmos & Transcendence*

L'approche de Smith concernant la psychè humaine était fondée sur une métaphysique en opposition avec le réductionnisme actuel et sa prétention que le cerveau est tout, c'est-à-dire que « la vie psychique est un épiphénomène de la fonction cérébrale ».[191] En outre, il écrit que « c'est l'*âme* (au sens traditionnel de *psychè* ou *anima*) qui transforme le substrat matériel en un corps vivant et sensible. Cela signifie que le corps vivant est *plus* que ce que le biologiste moléculaire ou le neurophysiologiste en conçoit ».[192] Il ajoute qu'une « "âme" appartient à un ordre ontologique supérieur et que, par conséquent, la distance ontologique entre les composants physiques et ce que sont les parties "réelles" s'en trouve amplifié d'autant ».[193] C'est parce que l'âme est intimement liée à l'ordre transpersonnel que nous avons des sensations, des perceptions, des pensées et une conscience.

Une compréhension des aspects horizontaux et verticaux de l'existence est nécessaire pour saisir pleinement les nuances de la psyché humaine ; pourtant, la psychologie dominante se cantonne pour l'essentiel à une perspective purement profane. En ce qui concerne la dimension verticale de l'unité, Smith écrit : « La causalité horizontale ne peut faire surgir une totalité irréductible ».[194] Il fournit la clé suivante pour discerner l'horizontale de la verticale : « La causalité verticale découle de

---

(Peru, IL: Sherwood Sugden & Company, 1990) p. 142.

[191] Wolfgang Smith, "Rediscovering the Corporeal World," in *The Quantum Enigma: Finding the Hidden Key* (Hillsdale, NY: Sophia Perennis, 2005), p. 24.

[192] Wolfgang Smith, "The Enigma of Visual Perception," in *Science and Myth: What We Are Never Told* (San Rafael, CA: Sophia Perennis, 2010), p. 93.

[193] *Ibid.*, p. 94.

[194] Wolfgang Smith, "Irreducible Wholeness and Dembski's Theorem," in *Physics: A Science in Quest of an Ontology, Second Edition* (Philos-Sophia Initiative, 2023), p. 56.

la totalité, alors que l'horizontale découle des parties... ontologiquement parlant, le tout a la primauté sur les parties ».[195]

De l'Occident postmédiéval à nos jours, on a confondu « l'œil du cœur » (l'intellect transpersonnel) avec la faculté de raisonner. C'est grâce à cette faculté noétique que nous pouvons connaître le Réel. Smith écrit que « la condition préalable essentielle à une telle "vision" est sans aucun doute une *métanoïa* radicale : un déplacement de notre regard intellectuel du monde extérieur ou perçu par les sens vers le monde intérieur. »[196] C'est précisément la situation difficile dans laquelle se trouve la psychologie moderne : voir la psyché humaine à un niveau purement profane, coupée de sa dimension « verticale » qui seule peut résoudre l'impasse débilitante dans laquelle cette discipline s'est enfermée.

Il faut dire que « dans la mesure où l'esprit a été purifié – le "miroir" nettoyé – la "vision" se fait d'elle-même ».[197] Étant donné que le Divin est à la fois transcendant et immanent, lorsque notre vision intégrale est restaurée, nous sommes capables de percevoir les dimensions verticales et horizontales respectivement :

> En effet, nous ne pourrions en aucun cas « pressentir » Dieu en dehors de nous-mêmes s'il n'était pas également présent dans les profondeurs de notre âme en tant que premier et ultime « voyant ». C'est cette présence insondable de Dieu –

---

[195] Wolfgang Smith, "The Tripartite Wholeness" in *The Vertical Ascent: From Particles to the Tripartite Cosmos and Beyond* (Philos-Sophia Initiative Foundation, 2020), p. 18, trad. française : « La totalité tripartite », *Science, scientisme et religion,* (L'Harmattan, 2023), p. 37.

[196] Wolfgang Smith, "Neurons and Mind", in *Science and Myth: What We Are Never Told* (San Rafael, CA: Sophia Perennis 2010), p. 129.

[197] Wolfgang Smith, « La Métaphysique comme "voir" », in *Qu'est-ce que la métaphysique ?* L'Harmattan, 2010, coll. La métaphysique au quotidien, p. 40. En anglais : "Metaphysics as Seeing", in *Science and Myth: What We Are Never Told (* San Rafael, CA: Sophia Perennis, 2010), p. 157.

en tant qu'« âme de notre âme » – qui permet et même alimente la quête, de son commencement à son but ultime.[198]

Il convient d'ajouter que toute perception sensorielle est, finalement, de nature métaphysique ; elle « est [...] un mystère - comme le sont en fin de compte les entités que nous percevons ».[199] Smith insiste sur la nécessité de comprendre que « la perception, comme tout autre acte de connaissance, est consommée dans une certaine union ou contact entre le sujet qui connaît et l'objet qui est connu ».[200] Le paradigme dominant de la bifurcation réductrice a occulté cette vérité : « Le mal provient principalement d'une théorie erronée de la perception, qui a eu pour effet de séparer l'univers de l'homme, de l'observateur humain ».[201] Cela a affaibli notre capacité à savoir qui nous sommes vraiment, et notre relation aux autres et au cosmos : « Nous connaissons le cosmos dans la mesure où nous nous connaissons nous-mêmes ; nous sommes capables [...] de connaître le monde extérieur précisément parce qu'il correspond à l'intérieur ».[202]

Smith présente un moyen de guérir nos psychismes malades, en raison de la crise spirituelle du monde moderne :

> La tâche première du véritable métaphysicien est alors de s'opposer au déclin collectif, de l'inverser en lui-même. Il

---

[198] Wolfgang Smith, "Metaphysics as Seeing", in *Science and Myth: What We Are Never Told (* San Rafael, CA: Sophia Perennis, 2010), p. 157, trad. française: "La Métaphysique comme "voir", in *Qu'est-ce que la métaphysique ?* (L'Harmattan, coll. La métaphysique au quotidien, 2010), p. 39.
[199] Wolfgang Smith, "The Mystery of Visual Perception" in *The Vertical Ascent: From Particles to the Tripatite Cosmos and Beyond* Philos-Sophia Foundation, 2020), p 124, trad. française: "Le mystère de la perception visuelle" *in Science, scientism et religion* (L'Harmattan, 2023), p. 153.
[200] Wolfgang Smith, "Cosmology in the Face of Gnosis" in *Christian Gnosis : From S. Paul to Meister Eckhart* (San Rafael, CA: Sophia Perennis 2008), p. 43.
[201] *Ibid.*, p. 44.
[202] *Ibid.*, p. 57.

s'agit de guérir le "cœur" de son état "obscurci" et, ce faisant, de retrouver l'usage intact des "yeux" que Dieu nous a donnés : telle est, en résumé, la tâche d'une véritable métaphysique.[203]

Pour bénéficier de cette prise de conscience, il faut abandonner les distorsions du dualisme cartésien qui « a profondément marqué la psyché occidentale, au point de provoquer une sorte de 'schizophrénie collective ».[204] Notre bien-être spirituel dépend donc du dépassement de cette aberration déshumanisante : « La défaite du matérialisme scientiste - la restauration de notre santé mentale collective - ne semble exiger rien de moins ».[205] Smith insiste sur le fait qu' « il est temps de redécouvrir le cosmos intégral ».[206] Mais que peut-on faire à ce sujet ? Il ajoute : "Le remède ... est simple à l'extrême : rectifier cette conception erronée – vaincre le mirage de la bifurcation, le déraciner.[207]

Il est impératif de continuer à démanteler, une fois pour toutes, cette pseudo-ontologie pernicieuse, car son sortilège n'a pas encore été aboli. Parce que « tout dépend de la façon dont nous percevons le monde »,[208] nous devons redonner à

---

[203] Wolfgang Smith, "Metaphysics as Seeing", in *Science and Myth: What We Are Never Told (* San Rafael, CA: Sophia Perennis, 2010), p. 158, trad. française : « La Métaphysique comme "voir" », in *Qu'est-ce que la métaphysique ?* (L'Harmattan, coll. Métaphysique au quotidien, 2010), p. 39.
[204] *Ibidem.*
[205] Wolfgang Smith, "The Three Vertical Powers of the Soul", in *Physics and vertical causality : The End of Quantum Reality* (Brooklyn, NY: Angelico Press, 2019,), p. 32.
[206] Wolfgang Smith, "Cosmic versus measurable time" in *Physics, a Science in Quest of an Ontology*, second edition, (PSIF, 2023), p. 90
[207] Wolfgang Smith, "Lost in Maths: The Particle Physics Quandary", in *The Vertical Ascent: From Particles to the Tripartite Cosmos and Beyond* (PSIF, 2020), p. 57.
[208] Wolfgang Smith, 'Progress in Retrospect", in *Cosmos & Transcendence, Breaking Through the Barrier of Scientific Belief* (Peru, IL : Sherwood Sugden & Company, 1990), p. 158.

« l'œil du cœur » la place qui lui revient, afin de réhabiliter la dimension spirituelle dans notre compréhension de la santé mentale. De cette manière, nous pourrons peut-être retrouver un mode authentique de connaissance et de guérison qui est essentiel pour l'humanité en cette époque déconcertante.

Samuel Bendeck Sotillos

Troisième partie

Physique et métaphysique

Cosmologia

Chapitre X

Les fondements restaurés

Je n'ai pas très bien connu le Dr Wolfgang Smith, mais j'ai eu le privilège d'avoir des échanges avec lui durant plusieurs années. Ce qui m'a le plus frappé chez lui, c'était sa pureté de cœur et son amour sans affectation pour la vérité, dans un monde universitaire où le respect humain et la quête de la gloire et de la fortune sont souvent des entraves à la recherche du Vrai.

En 2019, le Dr Smith a participé à la production d'une série de vidéos produite par le Kolbe Center for the Study of Creation intitulée « Foundations Restored » (Les fondements restaurés), dans laquelle il démontrait que les récentes découvertes en astronomie avaient réfuté le principe copernicien, si cher aux penseurs des Lumières, ainsi que l'hypothèse du Big Bang. Dans l'épisode 8 de la série DVD, il déclarait :

> Durant ces dernières années, les observations astrophysiques ont détecté – et ensuite vérifié sans l'ombre d'un doute possible – une structure cosmique globale qui réfute catégoriquement, c'est-à-dire une fois pour toutes, la théorie du Big Bang. Que les leaders de la communauté astrophysique soient prêts à l'admettre ou non, cette théorie est désormais défunte. En dépit de leurs réalisations tant vantées et des prix Nobel qui ont couronné leurs découvertes – qui aujourd'hui s'avèrent illusoires – cette dernière s'est finalement révélée à son tour n'être qu'une idéologie athée se pavanant sous un déguisement scientifique.
>
> - Quelles sont donc ces découvertes et pourquoi sont-elles fatales à cette théorie ?
> - C'est ce que je souhaite maintenant expliquer.

Il faut d'abord noter que la physique einsteinienne, c'est-à-dire la déviation einsteinienne par rapport à la théorie classique, a pour prémisse le principe que le cosmos n'est pas le produit d'un dessein préalable, autrement dit de structures qui ne peuvent être expliquées en termes de fluctuations aléatoires. Même si on ne le reconnaît pas, c'est sur cette hypothèse de nature idéologique, pour laquelle il n'existe aucun argument scientifique, que repose en fait le soi-disant principe de relativité d'Einstein et, par conséquent, toute la physique einsteinienne. Or, dans le cas de la cosmologie du Big Bang, cette hypothèse prend la forme du principe dit copernicien – également appelé principe cosmologique –, qui affirme que, lorsqu'on l'observe à une échelle suffisamment grande, le cosmos s'avère parfaitement uniforme.

Il est supposé qu'il en serait du cosmos dans son ensemble comme d'un volume de gaz : alors qu'à l'échelle microscopique, il y a des molécules qui se déplacent à différentes vitesses et dans différentes directions, à grande échelle, le gaz est néanmoins homogène et entièrement défini par sa température, sa pression et sa densité. En conséquence, dans la mesure où la cosmologie du Big Bang respecte le principe copernicien, la découverte de ne fût-ce qu'une unique structure à grande échelle, c'est-à-dire une structure qui ne respecte pas ce principe, suffit à réfuter la théorie. Or c'est précisément ce qui s'est passé au cours de la dernière décennie.

Découvert par Arno Penzias et Robert Wilson en 1964, il existe un rayonnement électromagnétique, identifiable par son spectre, qui remplit tout l'espace cosmique, connu sous le nom de fond diffus cosmologique (Cosmic Microwave Background, ou CMB). Les fans de la cosmologie einsteinienne le considèrent comme un vestige du rayonnement dû au Big Bang et demeurant dans l'univers, quelque trois cent mille ans après.

Mais en fait il y a plus, beaucoup plus ! Permettez-moi d'en venir aux détails :

Des observations minutieuses et irréfutables, réalisées récemment par un satellite nommé d'après le physicien Max Planck, ont révélé une structure globale s'étendant à travers le cosmos dans sa totalité, un fait qui contredit catégoriquement le principe copernicien. En réalité, c'est cette structure dans le CMB qui réfute rigoureusement la théorie d'Einstein, car elle constitue un axe – un grand cercle en fait – quelque chose qui, à coup sûr, ne devrait pas être là ; quelque chose qui ne peut pas être expliqué par des fluctuations statistiques. Comme nous l'avons dit, l'existence de cet axe réfute la cosmologie du Big Bang.

Point final.
Mais ce n'est pas tout !

Le fait le plus stupéfiant, et le plus dévastateur pour les einsteiniens, c'est que cet axe coupe le cosmos en deux, son plan coïncidant à l'écliptique de notre système solaire ! Ce système solaire, qui était censé n'être rien de plus qu'un grain de poussière aléatoire par rapport à l'ensemble du cosmos, s'avère donc être particulier. Très hautement particulier, en fait, au point de déterminer la structure globale de l'univers ! Rien ne pourrait être plus opposé non seulement à la physique einsteinienne, mais aussi à l'astronomie post-galiléenne dans son ensemble. Cette découverte, que les astrophysiciens ont, à juste titre, baptisée « l'axe du mal », nous renvoie en fait aux confins de l'astronomie prémoderne et met ainsi un terme à ce que les historiens appellent le siècle des Lumières.

Le plus merveilleux dans cette présentation était la manière innocemment enfantine avec laquelle le Dr Wolfgang a révélé la nudité de l'empereur de la philosophie des Lumières, dont les nouveaux habits tissés d'explications naturalistes ont été exposés comme des erreurs transparentes, incapables de dissimuler le magnifique dessein du Créateur pour l'homme et l'univers.

Hugh Owen

Chapitre XI

Réflexion sur la cosmologie platonicienne de Wolfgang Smith

Dans son usage contemporain, le terme « *cosmologie* » désigne une branche très spécialisée de la physique qui se consacre à la compréhension de l'univers à sa plus grande échelle. Au cœur de la cosmologie du XXIe siècle se trouve la *théorie du Big Bang*. La théorie officielle actuelle de la création affirme que l'univers a commencé par une *singularité*, ce point illusoire où les équations d'Einstein, qui décrivent l'espace-temps, « s'effondrent » de manière irrémédiable.

Bien que la cosmologie moderne soit en effet mieux considérée sur le plan mathématique et que ses praticiens soient salués comme les savants d'aujourd'hui, elle ne représente néanmoins qu'une petite fraction d'une tradition intellectuelle beaucoup plus sage. Bien avant que l'on parle de cartes du fond diffus cosmologique, de décalage vers le rouge (*redshift*), d'inflation et de matière noire, il y avait bien sûr les philosophes de l'Antiquité, dont les cosmologies respectives ne se limitaient pas à ce que Lord Kelvin appelait « la science de la mesure », c'est-à-dire la physique. Ils cherchaient plutôt à appréhender l'univers dans sa globalité, en utilisant des modes d'investigation métaphysiques, voire spirituels.

Parmi les premiers penseurs de la tradition antique figurait Thalès de Milet. Souvent considéré comme « le premier philosophe »[209], Thalès a notamment proposé que la Terre repose sur l'eau et que l'eau elle-même soit le principe

[209] O'Grady, IEP, Introduction.

fondamental ou *l'arché* de toutes choses.[210] Si de telles idées peuvent aujourd'hui sembler absurdes, Thalès marque néanmoins le début de la tradition philosophique occidentale. Une tradition qui a sans doute atteint son apogée dans la cosmologie de Platon et qui, fait significatif pour cet ouvrage, sert de fondement à la cosmologie de Wolfgang Smith.

Dans ce chapitre, je vais donc tenter d'expliquer en détail la cosmologie de Smith, tout en y intégrant mes propres réflexions sur sa signification générale. Pour ce faire, je commencerai par présenter la cosmologie originale de Platon, sur laquelle Smith a construit la sienne. Je poursuivrai ensuite en expliquant et en explorant les trois domaines qui composent le cosmos de Smith. À la fin de ce chapitre, je conclurai en examinant comment les trois domaines de la cosmologie de Smith s'articulent entre eux en participant à *la Totalité irréductible* (TI).

La cosmologie de Platon

Au cœur de la cosmologie originale de Platon, telle qu'elle apparaît dans son *Timée*, se trouve la notion d'un royaume immuable (*eidos*) situé en dehors de l'espace et du temps.[211] Ce domaine, que le néo-platonicien du XVIIIe siècle Thomas Taylor a appelé le *royaume intelligible*,[212]est peuplé de formes.[213] En bref, les formes sont des modèles intelligibles ou des idéaux que les objets matériels s'efforcent, de manière imparfaite, d'imiter. Une sphère dorée, par exemple, tente de reproduire l'idéal de la sphéricité. Cependant, en s'efforçant de manifester cet idéal, la sphère est inévitablement handicapée par les limites de sa propre matière. Elle ne parvient donc jamais à atteindre une rondeur parfaite.

---

210 O'Grady, *Ibid.*, Section 3.

211 *Timée*, 50d-52b.

212 Taylor (Thomas), 1804, p. 417.

213 *Timée, Ibid.*

Un aspect supplémentaire, mais tout aussi central de la cosmologie de Platon est l'âme du monde (*anima mundi*).[214] En bref, cette âme cosmique fonctionne comme un arbitre entre le monde des formes et le monde sensible en constante évolution[215] – le royaume de l'herbe verte, du ciel bleu et de tous les autres phénomènes perceptibles. En substance, l'âme du monde de Platon est une super-intelligence non divine qui émane et anime l'univers visible, le façonnant pour qu'il reflète la perfection des formes supérieures.[216] Il est intéressant de noter que S. Augustin d'Hippone, ainsi que plusieurs autres Pères de l'Église primitive,[217] semblent avoir adopté l'idée de Platon concernant l'âme du monde.[218]

Cependant, S. Augustin est allé plus loin que Platon. Il a en effet affirmé qu'au-delà du monde des formes et du monde sensible règne le seul vrai Dieu chrétien, l'origine divine des formes elles-mêmes.[219] En affirmant cela, S. Augustin a en quelque sorte christianisé la cosmologie de Platon, une transformation qui a eu un impact durable sur les penseurs des générations suivantes, notamment Wolfgang Smith.

Certes, si la cosmologie de Smith diffère quelque peu dans son expression extérieure de celle d'Augustin et de Platon, son cosmos est, dans son essence ésotérique, exactement isomorphe à la cosmologie platonicienne.[220] En effet, elle exprime une vision qui s'aligne sur les interprétations plus profondes et plus mystiques des enseignements de Platon, celles

---

[214] Timée, 30c-34a.

[215] *Ibid.*

[216] *Ibid.*

[217] Dumsday, *Théologie moderne*, 2018.

[218] Teske, Roland J. (1983). « L'âme du monde et le temps chez saint Augustin ». *Études augustiniennes* 14, 75-92.

[219] Saint Augustin, *Les Confessions*.

[220] Smith, *Physics, a Science in Quest of an Ontology*, IIIe partie, 1 (*La physique, une science en quête d'une ontologie,* à paraître à L'Harmattan). Désormais PSQ.

qui auraient été révélées uniquement à un cercle restreint d'initiés au sein de *l'Académie*.[221] Cette interprétation particulière de Platon, enracinée dans des enseignements plus ésotériques, est connue sous le nom de néoplatonisme.[222] Il s'agit d'une école de pensée fondée par Plotin,[223] grand ésotériste du IIIe siècle, dont Smith était un fervent disciple.[224]

Bien que les subtilités du néoplatonisme soient bien trop complexes pour être explorées dans cet essai, il suffit de noter que sa cosmologie s'articule autour de trois niveaux ontologiques principaux. Ces niveaux, tels que décrits par Smith, sont l'aeviternel, l'intermédiaire et le corporel.[225] À titre d'aparté, bien que le concept d'« âme du monde » occupe une place importante dans la pensée néo-platonicienne traditionnelle, il n'est pas explicitement inclus dans la formulation de Smith. Dans un chapitre précédent, j'ai discuté de la manière dont l'âme du monde pourrait être intégrée dans le cadre métaphysique de Smith.[226] Cependant, plutôt que de m'appesantir sur cette spéculation, je vais analyser comment ces trois niveaux ontologiques convergent pour former la cosmologie cohérente et organique qui sous-tend la vision de la réalité de Smith. Dans cette optique, je vais maintenant examiner les domaines de l'aeviternité, de l'intermédiaire et du corporel.

Le royaume aeviternel

À la base de la cosmologie de Smith se trouve le plan aeviternel – le premier niveau ontologique de Smith – qui correspond très largement au monde intelligible de Platon.

---

[221] *Ibid.*
[222] Wildberg, *Néoplatonisme*, SEP.
[223] Wildberg, *Ibid.*, Section 1.
[224] Smith, PSQ, *Ibid.*
[225] Smith, PSQ, *Ibid.*, p. 99.
[226] Cf. chap. IV.

À son cœur, le plan aeviternel s'aligne sur un concept introduit par Smith dans ses écrits ultérieurs : la « Totalité irréductible » (TI).[227] Comme Smith l'a souvent souligné, la TI désigne une totalité qui transcende la somme de ses parties,[228] contrairement à la totalité ordinaire, qui est simplement la somme de ses parties. Il est essentiel de noter que Wolfgang Smith considère la TI comme existant indépendamment, sans être liée à une manifestation physique particulière.[229] En fait, Smith considère la TI comme la source de tout être dans le cosmos.[230] Une idée centrale que nous reprendrons lorsque nous explorerons les implications de la TI.

De plus, l'aeviternité de Smith comprend également divers *modes d'existence*. Des modes qui découlent directement de la Totalité irréductible.[231] Dans son ouvrage publié en 2004, *Ancient Wisdom and Modern Misconceptions* (traduction française : *Sagesse de la cosmologie ancienne,* L'Harmattan, 2008), Smith présente un mode d'existence remarquable, lié à l'aeviternité, qu'il a appelé « *corporéité céleste* ».[232] Cette modalité de l'aeviternité fait référence à la nature corporelle et à l'extension d'une chose sous sa forme angélique ou supérieure, correspondant essentiellement à ce que nous percevons comme la lumière visible.[233] Bien qu'une exposition complète de la corporéité céleste dépasserait largement le cadre de cet essai, il convient de noter que la lumière visible reste un mystère profond en soi. Un mystère qui, s'il était exploré de

---

[227] Smith, PSQ, p. 23.
[228] Smith, *Ibid.*, p. 45.
[229] Smith, *Ibid.,* p. 23.
[230] Smith, *Ibid.*, p. 28-29.
[231] Cf. Smith, *Sagesse de la cosmologie ancienne.*
[232] Smith, *Ibid.*, pp. 99-125.
[233] Smith *Ibid.*

manière adéquate, pourrait, de manière plausible, apporter un éclairage supplémentaire sur la notion de causalité verticale de Smith.

Comme l'affirme Arthur M. Young[234], un homme dont la vie présente de nombreux parallèles avec celle de Smith, la lumière fonctionne comme une sorte de « médiateur qui réduit la possibilité à la réalité ».[235] À son tour, l'affirmation convaincante de Young soulève ici des questions intrigantes au regard de la métaphysique de Smith : la lumière céleste pourrait-elle être une sorte de gardienne de la causalité verticale ? Et si tel est le cas, quelle est la relation entre la lumière physique et la lumière céleste qui actualise ?

Ce sont là des questions qui suscitent la réflexion et qui mériteraient sans doute d'être approfondies, peut-être dans un essai consacré à ce sujet. Pour l'instant, je les laisse toutefois en suspens, afin qu'elles puissent être explorées plus avant.

Pour revenir à notre sujet, une modalité bien plus familière de l'*æviternité* est le moment présent insaisissable.[236] En accord avec S. Thomas d'Aquin, Smith soutenait que le moment présent existe dans un certain sens *au-dessus* du temps en tant que *nunc stans* (se tenant dans un *maintenant immobile*).[237] Il existe, autrement dit, comme un point pivot statique et immobile autour duquel se déroule le flux de la succession temporelle. En tant que tel, le moment présent peut être compris comme une modalité du domaine æviternel, participant à son caractère intemporel tout en restant perceptible dans l'expérience temporelle.

---

[234] Ils ont tous deux travaillé chez Bell Aircraft Corporation dans les années 1950 et étaient tous deux fascinés par Whitehead depuis leur plus jeune âge.

[235] Voir Young, *The Reflexive Universe.*

[236] Smith, « Le mystère de la perception visuelle ». Voir *Science, scientisme et religion*, L'Harmattan 2023, chap. X, pp.153-168.

[237] Smith, *Ibid.*

Cependant, plusieurs questions se posent naturellement au lecteur attentif à ce stade. Premièrement, comment pouvons-nous arriver à de telles conclusions concernant la nature du moment présent ? Pourquoi devrions-nous conclure que le moment présent est spécifiquement en dehors du temps ? Deuxièmement, si le moment présent est effectivement atemporel, pourquoi semble-t-il également si profondément enchâssé dans le temps ?

En réponse à la première question, démontrer que le moment présent est en dehors du temps s'avère étonnamment simple. La preuve de ce *théorème ontologique* découle naturellement du fait que nous pouvons associer simultanément le moment présent à différentes durées. Par exemple, au moment où j'écris ces lignes, je peux simultanément m'identifier comme étant présent, c'est-à-dire vivant en ce moment même : la journée du 27 juin, le mois de juin, l'année 2025 et la décennie des années 2020. Et ainsi, le moment présent peut être associé simultanément à plusieurs durées distinctes, chacune d'une longueur très différente.

Cependant, si le moment présent peut être identifié simultanément à plusieurs durées distinctes, il s'ensuit que le présent ne peut subsister absolument dans aucune de ces durées. En d'autres termes, le moment présent ne se trouve pas dans une durée donnée, aussi petite ou gigantesque soit-elle. En effet, si tel était le cas, cela contredirait le fait que nous pouvons, au cours de cette même période, identifier le moment présent à une autre durée temporelle, qu'elle soit plus courte ou plus longue. Un mercredi matin, par exemple, je peux identifier le moment présent à ce jour, mais je peux également l'étendre à la semaine ou au mois spécifique que je suis en train de vivre. À l'opposé, je peux également identifier le présent à une minute ou même à une milliseconde spécifique, ce même mercredi matin. Autrement dit, le moment présent ne peut être localisé de manière absolue dans une durée donnée, ce qui signifie en réalité que le présent doit se situer complètement en dehors du temps, car il épuise tous les intervalles de temps dans son identification. Comme le dit *ad nauseam* le Docteur angélique, « le temps se compose d'avant et d'après ».[238] Le présent doit donc se situer au-dessus du temps !

En réponse à la deuxième question – pourquoi le moment présent semble-t-il si profondément immergé dans le temps s'il existe également au-dessus du temps –, je dirais que c'est parce que, bien que le présent soit effectivement au-dessus du temps, il peut également descendre, si on peut dire, dans la temporalité. Et, en fait, il le doit, selon la conception du temps de Wolfgang Smith, qui sera expliquée brièvement. Comme indiqué précédemment, le moment présent appartient à la Totalité irréductible. Cela signifie que la présence (*presentness*) peut descendre dans le temps sans perdre son origine transcendante. Tout comme l'idéal de circularité peut descendre dans le monde matériel, par participation, sans quitter complètement l'aeviternité, le présent peut également descendre dans le temps sans s'éloigner de son origine non temporelle. En d'autres termes, l'irréductibilité totale du présent à l'une de ses instanciations spécifiques lui confère le privilège d'être à deux endroits à la fois : dans l'aeviternité sous sa forme absolue et dans le temps sous sa forme relative ou participative.

La troisième et dernière modalité de l'aeviternité, dans la cosmologie de Smith, est ce que Platon appelle *le monde des formes*. Les formes de Platon sont, en quelque sorte, l'expression de la TI et englobent toutes les réalités ou vérités saisissables par l'intellect.[239] Être saisi ou compris par l'intellect, plutôt que par la rationalité, signifie qu'une vérité est reconnue par l'âme, instantanément, sans aucune séquence de

---

[238] S. Thomas d'Aquin, *Summa Theologiae*, I, Q. 10, a. 5.
[239] Smith, PSQ, IIIe partie, chap. I.

raisonnement, *de prémisse à prémisse,* pour ainsi dire ! Je peux reconnaître, par exemple, que rien ne peut être et en même temps ne pas être, sans aucune justification.

Les formes, saisissables par l'intellect, vont des vérités fondamentales de la logique classique, telles que le principe de non-contradiction, aux vérités fondamentales des mathématiques et de la géométrie.[240] Ces formes logiques et mathématiques existent en tant qu'expressions de l'aeviternité au-delà de notre perception sensorielle.

Quoi qu'il en soit, le point essentiel à retenir de cette section, avant de passer à la suite, est que le domaine aeviternel correspond à la TI dans son essence la plus fondamentale. La Totalité irréductible, et par conséquent l'aeviternité qui en résulte, possèdent diverses modalités. Ces modalités comprennent : la corporéité céleste, le moment présent et les formes intelligibles, pour n'en citer que quelques-unes.

Le règne intermédiaire

Le deuxième niveau de la cosmologie de Smith est *le règne intermédiaire*. S'inspirant à nouveau de Thomas d'Aquin, Smith se rallie à l'idée que le temps existe indépendamment de l'espace.[241] Un axiome qui définit de manière canonique le royaume intermédiaire comme le domaine où le temps est présent, mais où l'espace est absent.[242]

Pour Smith, le temps possède deux modalités ontologiques. La première est le temps mesurable, une progression séquentielle et quantifiable (t_1, t_2, t_3, etc.). La seconde est le temps cosmique.[243] Le temps cosmique, selon Smith, est un

---

[240] Smith, PSQ, *Ibid.*

[241] Smith, PSQ, IIIe partie, chap. I, p. 99.

[242] Smith, *Ibid.*

[243] *Smith, Cosmic versus Measurable Time* (*Temps cosmique et temps mesurable,* à paraître à L'Harmattan).

« principe actif de la cosmogénèse »[244], une force génératrice qui impose les limites du commencement et de la fin à un présent qui, sans cela, serait éternel. Dans cette perspective, le moment présent descend dans la temporalité, acquérant à la fois un avant et un après à partir du temps cosmique.[245] Il en résulte que cette descente ontologique donne naissance à des événements, c'est-à-dire à des segments de temps délimités qui structurent notre expérience du devenir.[246]

Ainsi, dans un certain sens, *le temps est la dispersion de l'aeviternité*, dans la mesure où le temps est un processus par lequel le moment présent, mode de l'aeviternité, totalement hors du temps, reçoit continuellement un nouvel avant et un nouvel après. Au départ, à l'échelle globale, le temps cosmique détermine l'événement le plus long, que nous vivons actuellement ; à savoir l'avant et l'après de tout l'ordre temporel, le commencement et la fin du cosmos. Cet événement cosmique dans son ensemble est déterminé dès le départ par le temps cosmique, qui agit sur le présent intemporel. Cependant, les événements qui se produisent entre les deux ne le sont pas. Ainsi, le temps cosmique distribue continuellement une série de miniatures d'avant et d'après pour « combler les vides ». En tant qu'êtres tripartites, qui appartiennent à l'aeviternité, mais aussi aux royaumes inférieurs du cosmos, nous sommes inévitablement propulsés le long de ce flux de durées miniatures ; à chaque instant, nous rencontrons un reflet réfracté de l'éternité. Le temps n'est donc pas simplement le tic-tac des horloges, mais le médium à travers lequel les réalités éternelles miroitent sous une forme temporelle. Nous ne nous déplaçons pas seulement vers l'avant, mais aussi vers l'intérieur, à travers des voiles du devenir qui dissimulent et révèlent à la fois

---

244 Smith, *Ibid.*
245 Smith, *Ibid.*
246 Smith, *Ibid.*

l'intemporel dans le temporel. Dans cet esprit, le temps est la dispersion de l'aeviternité !

En définissant le temps comme la *dispersion de l'aeviternité*, la cosmologie de Smith donne crédit à l'expérience phénoménale commune du temps, dans laquelle le moment présent est aussi immobile qu'un point, mais aussi une unité fondamentale du temps lui-même, une unité qui, selon moi, est continuellement dispersée.

De plus, les limites du temps cosmique, qui initient cette dispersion, ne sont pas réellement mesurables en elles-mêmes.[247] Il s'agit plutôt de limites qui donnent lieu à des événements qui peuvent être mesurés.[248] Il est important de noter que la mesure réelle de la durée provient des opérations de la physique ou de la quantification. Pour être plus précis, le temps cosmique fixe une durée spécifique, mais cette durée est qualitative et immesurable[249] et équivaut peut-être à ce qu'Henri Bergson appelait *la durée*, c'est-à-dire la durée pure, non affectée par la mesure.[250] Cette durée pure, qui ne peut être pleinement comprise que dans l'expérience consciente, peut également être définie de manière mesurable à l'aide des unités utilisées par les horloges.[251]

Outre le fait d'être le domaine du temps, l'intermédiaire agit également comme une sorte de « royaume psychique ». Un royaume dans lequel nous pouvons utiliser notre imagination ou *fantaisie* pour construire des objets qui nous transportent vers les vérités intelligibles de l'aeviternité.[252] Dans l'avant-dernier chapitre de son dernier ouvrage, basé sur les

---

[247] Smith, *Cosmic versus Measurable Time* (Temps cosmique et temps mesurable).

[248] Smith, *Ibid.*

[249] Smith, *Ibid.*.

[250] Voir Bergson, *Temps et libre arbitre.*

[251] Voir Bergson, *Ibid.*

[252] Smith, *Physics, a Science in Quest of an Ontology* , IIIe partie, chap. I, p. 106.

écrits de Thomas Taylor, Smith soutient que le géomètre, par exemple, construit des objets imaginaires qui stimulent *les énergies de son intellect.*[253] Grâce à ces énergies, le géomètre peut parvenir à des conclusions auxquelles il ne serait pas parvenu autrement au sujet des formes géométriques.[254] Par exemple, le géomètre peut imaginer un cercle dans son esprit lorsqu'il cherche à en déterminer les implications. Il est essentiel de noter que le cercle imaginé au niveau intermédiaire n'est pas le même que le cercle de l'aeviternité, car le premier présente des imperfections du simple fait d'être imaginé, contrairement au second.[255] Néanmoins, le cercle imaginé est ce qui se rapproche le plus de la circularité aeviternelle dont il nous soit possible d'avoir une expérience visuelle. La circularité aeviternelle, en revanche, est la forme ou l'essence de la circularité totalement dissociée de toute instanciation.[256]

Le domaine corporel

Le dernier domaine du cosmos tripartite de Smith est le monde corporel, le domaine des qualités sensibles dans lequel nous vivons, bougeons et existons.[257] Par « qualités sensibles », Smith entend les attributs perceptibles par les cinq sens. Ces attributs comprennent les couleurs, les sons, les goûts, les textures, etc. Depuis le début de l'ère moderne, les philosophes ont largement rejeté ces qualités comme étant des fantasmes de l'esprit, qui n'existent pas réellement « là-bas », dans le monde extérieur.[258] Smith, cependant, rejette fermement cette prémisse fallacieuse. Il soutient que les qualités sensibles ne

---

[253] Smith, *Ibid.*, p. 105.
[254] Smith, *Ibid.*, pp. 101-102.
[255] Smith, *Ibid.*
[256] Smith, *Ibid.*, p. 107.
[257] Smith, *The Quantum Enigma, Finding the Hidden Key,* chap. 1 (désormais TQE).
[258] Smith, *Ibid.* chap. 1, p. 7.

sont pas seulement des peintures mentales, mais appartiennent authentiquement aux « objets corporels » du monde extérieur, par exemple le rouge d'une pomme.[259]

Le monde physique, domaine étudié par les physiciens, vient compléter le monde corporel. Ce domaine comprend les objets sous-corporels (SX), qui sont des objets corporels (X) compris en termes purement physiques,[260] et les objets transcorporels, qui sont des entités physiques non associées à aucun X.[261]

La principale motivation de Smith pour réintroduire le domaine corporel est sa capacité à résoudre le problème persistant de la mesure quantique.[262] À cette fin, Smith suggère que la réalité corporelle introduit une composante non physique, mais ontologiquement réelle aux objets de la physique classique, à savoir leurs qualités sensibles.[263] Cet ajout n'est pas purement esthétique, mais joue au contraire un rôle essentiel dans l'arrêt de la chaîne dite de Von Neumann.[264]

Dans la mécanique quantique standard, la mesure conduit à une régression infinie dans laquelle le dispositif de mesure s'entremêle avec le système, l'observateur avec le dispositif, et ainsi de suite, sans point final perceptible où le système « s'effondre » dans un état défini.[265] Smith soutient que le domaine corporel, le domaine de la perception sensorielle concrète, brise cette chaîne en introduisant un niveau de définition qualitative qui n'est pas présent dans les systèmes purement physiques.[266]

---

[259] Smith, *The Quantum Enigma*, p. 8.

[260] Smith, *Ibid.* chap. 2, p. 34.

[261] Smith, *Ibid.*, p. 35.

[262] Smith, *Physics, a Science in Quest of an Ontology* chap. 2, p. 14-15.

[263] Smith, *Ibid.*

[264] Smith, *Ibid.*

[265] *SEP, Philosophical Issues in Quantum Theory*, chap. 4.

[266] Smith, PSQ, chap. 2, p. 14-15.

Par conséquent, lorsqu'un système quantique est soumis à des objets de caractère sensoriel, par exemple une aiguille de lecteur, cela nécessite une transition de l'indétermination quantique à la détermination classique.[267] En d'autres termes, cela engendre l'effondrement de la fonction d'onde et met fin à la chaîne dite de Von Neumann.[268]

Au-delà d'offrir une solution au problème de la mesure, je suis personnellement convaincu que l'explication de Smith présente une manière nouvelle et convaincante de repenser le problème.

Traditionnellement, le problème de la mesure en mécanique quantique a été présenté comme une énigme : comment les systèmes quantiques, décrits par des probabilités, s'effondrent-t-ils en résultats définis lorsqu'ils sont mesurés ?[269] Il est essentiel de noter que cette question a toujours été abordée d'un point de vue physique. En réponse, divers mécanismes physiques ont été proposés pour expliquer la transition entre le domaine indéterminé des probabilités quantiques et le monde concret des valeurs observées.[270]

Cependant, la solution de Wolfgang met en évidence qu'il existe en réalité deux problèmes distincts. En empruntant la terminologie utilisée par David Chalmers dans ses réflexions sur la conscience, nous pouvons considérer ces problèmes comme les problèmes faciles et difficiles de la mesure quantique.

Le problème facile concerne la recherche d'un mécanisme physique qui explique comment la fonction d'onde s'effondre, ou semble s'effondrer, pour prendre un état défini. À cette fin, des solutions physiques ont été proposées, allant de

---

[267] Smith, PSQ, *Ibid.*
[268] Smith, PSQ, *ibid.*
[269] *SEP, Ibid.*
[270] SEP, *Ibid.*

l'effondrement GRW[271] aux travaux plus récents de Drossel et Ellis visant à expliquer l'effondrement à l'aide de la physique du réservoir thermique (*heat bath*) classique.[272] Le problème difficile, en revanche, pose la question de savoir s'il existe une raison non physique plus profonde qui explique pourquoi le vecteur d'état s'effondre au départ. La réponse à la question difficile dépend beaucoup de l'ontologie de chacun. Si nous considérons les systèmes quantiques, par exemple, comme des *potentiae*, aucune explication physique ne peut donner une réponse au problème de leur transition d'un état ontologique à un autre. C'est pourquoi le monde corporel est absolument nécessaire pour que la solution de Smith fonctionne. Si ce n'est pas le cas, le débat reste ouvert.

Outre son lien avec le problème de la mesure quantique, le domaine corporel défendu par Smith s'appuie sur les travaux de James Gibson, un psychologue de la perception qui a travaillé pour l'armée de l'air américaine pendant la Seconde Guerre mondiale.[273] Selon Gibson, dont les travaux reposent sur des expériences rigoureuses, la perception visuelle est médiée par le réseau optique ambiant, c'est-à-dire le motif structuré de lumière qui existe à un point donné d'observation.[274] Au sein de ce réseau se trouvent des invariants, des propriétés stables de la lumière ambiante qui, selon Gibson, transmettent des informations sensorielles à l'observateur.[275] Du point de vue de Gibson, les qualités sensibles ne sont pas des constructions mentales internes, mais des caractéristiques externes de l'environnement perçu. Cette vision rejoint et renforce la

---

[271] Voir SEP, *Collapse Theories*.
[272] Drossel and Ellis, 2018, *Contextual Wavefunction collapse*.
[273] Smith, PSQ, p.10.
[274] Gibson, 1979, Chapter 5.
[275] *Ibid*.

notion de Smith d'un monde corporel doté de propriétés réelles et perceptibles.[276]

Ce qui me fascine particulièrement dans la théorie de Gibson, c'est qu'elle s'aligne parfaitement avec la théorie de la perception visuelle de Thomas d'Aquin. Selon Thomas d'Aquin, les qualités sensibles sont transportées sous forme de formes à travers la lumière atmosphérique. Les formes piégées dans la lumière sont appelées par Thomas d'Aquin *species in medio* (« *espèces dans le milieu* »).[277] De toute évidence, la théorie de Thomas d'Aquin est compatible avec celle de Gibson, car toutes deux supposent que la lumière contient des qualités sensibles.

À mesure que nous comprenons mieux le monde corporel, une synthèse entre Thomas d'Aquin et Gibson pourrait être très utile pour clarifier la distinction entre les qualités sensibles relatives aux objets externes et les qualités sensibles relatives à la lumière.

De la Totalité irréductible à Dieu

Après avoir esquissé les trois domaines du cosmos tripartite de Smith, nous pouvons maintenant nous pencher sur la question de savoir comment ces domaines s'articulent en une cosmologie. Au début de cet essai, j'ai laissé entendre qu'une cosmologie au sens ancien du terme est un système métaphysique, voire spirituel, de l'univers dans son ensemble.

Au cœur de la cosmologie particulière de Smith se trouve la Totalité irréductible : le ciment métaphysique qui lie le cosmos. Comme nous l'avons vu précédemment, la totalité irréductible constitue le mode le plus fondamental de l'æviternité, dont découle le reste du cosmos. Par conséquent, tout ce qui

---

276 *Ibid.*

277 Stump, Eleonore, « Aquinas on Mechanisms of Cognition : Sense and Phantasia », in Medieval Analyses in Language and Cognition » sous la direction de Sten Ebbenen et Russell Friedman, 377-95, p. 380.

existe dans le cosmos doit, d'une manière ou d'une autre, participer à ce principe ou y renvoyer. En ce sens, le cosmos lui-même peut être compris comme une expression ou une incarnation de la TI, affirmation qui, incidemment, est soutenue par l'exégèse de Platon que fait Thomas Taylor, dans laquelle il décrit le cosmos comme un « animal mondain global ».[278]

Puisque le cosmos est une Totalité irréductible, il s'ensuit que chacun des trois domaines de Smith contient des traces ou des reflets des autres. Autrement dit, dans n'importe quel domaine, la présence des autres peut être discernée, si nous osons regarder de suffisamment près. Par exemple, dans le domaine aeviternel, nous pouvons trouver des traces du corporel dans la corporéité céleste. Et dans le domaine intermédiaire, nous pouvons trouver des traces d'aeviternité descendant dans le moment présent.

Cependant, le fait que chaque domaine soit lui-même une TI et que, collectivement, ils constituent une TI globale distincte, pose un nœud ontologique important à démêler. D'une manière générale, je pense qu'il est correct de dire que la TI en tant que réalité précède la TI dans ses effets. Ainsi, les TI que l'on trouve dans les modalités de l'aeviternité, de l'intermédiaire et de la macrostructure du monde corporel sont accessoires à la TI globale qui vit, si l'on peut dire, dans le plan aeviternel, détachée de ses manifestations. Cependant, la manière précise dont ces TI sont connectées doit être pensée de manière beaucoup plus approfondie, au-delà de l'analyse actuelle de Smith.

J'ai commencé ce chapitre en réfléchissant à l'état de la cosmologie moderne, un domaine indéniablement obsédé par la quantification. Avec la cosmologie de Wolfgang Smith, nous avons désormais le pouvoir de remettre en question cette *Weltanschauung* avec force. Et, espérons-le, de restaurer une

[278] Taylor, p. 415.

compréhension du cosmos qui va bien au-delà des relations entre les parties spatio-temporelles.

En fin de compte, une telle compréhension peut nous ramener à Dieu, le créateur et le soutien du cosmos dans lequel nous vivons.

John Taylor

QUATRIÈME PARTIE

SCIENCE, MÉTAPHYSIQUE ET RELIGION

Chapitre XII

Réponse à Wolfgang Smith

Le professeur Wolfgang Smith est l'un des rares scientifiques à avoir consacré sa vie à la poursuite de la science tout en étant en même temps enraciné dans les enseignements de la philosophie pérenne. C'est pourquoi son essai « *Sophia Perennis* and Modern Science » a l'insigne intérêt de révéler une vérité essentielle, à savoir que les principes de la philosophie pérenne ne sont pas seulement signifiants dans les domaines des études religieuses, de l'art traditionnel, de la psychologie, etc. mais également de la plus haute importance pour une réévaluation de la philosophie des sciences modernes, et pour fournir un cadre solide à la compréhension de ces sciences et en particulier de ce qui en constitue le fondement, à savoir la mécanique quantique. Ce dernier point a déjà été traité dans le remarquable opus de Smith, *The Quantum Enigma*, et en fait, une grande partie de sa discussion dans *Sophia Perennis and Modern Science* est liée aux thèses de cet ouvrage, bien qu'il s'agisse ici d'une synthèse exceptionnelle de sa pensée sur le sujet de la relation entre philosophie pérenne et science moderne, et non d'un simple résumé de The Quantum Enigma.

Je suis en accord si profond avec presque tout ce qui est écrit dans cet essai qu'il n'y a guère de point que je souhaiterais critiquer. Ma réponse à la plupart des questions sera en fait une simple confirmation. Il y a toutefois un certain nombre de points que j'aimerais reprendre afin de clarifier mes propres idées sur le sujet. Smith écrit que « la science au sens traditionnel revient en fait à la “lecture de l'icône” – attitude très éloignée de la vision baconienne ». C'est une manière très judicieuse de parler des sciences cosmologiques traditionnelles. Ces sciences dépeignent un cosmos qui révèle un sens au-delà de lui-même et qui peut être contemplé comme une icône. On pourrait même faire un pas de plus et dire, en langage chrétien, que le cosmos est une icône et ne peut être compris en profondeur que comme une icône révélatrice d'une réalité divine qui le dépasse. Les sciences cosmologiques traditionnelles ont mis en évidence cette réalité iconique et ont permis à ceux qui les ont étudiées et comprises de *voir* le cosmos comme une icône et de pouvoir le contempler au lieu d'uniquement le connaître de manière discursive. Les sciences modernes, issues de ce que Smith appelle « la vision baconienne », connaissent également la nature, mais ont cessé de la voir comme une icône. Elles sont capables de nous renseigner sur la taille, le poids et la forme de l'icône, et même sur la composition des différentes couleurs employées pour la peindre, mais elles ne peuvent rien nous dire de sa *signification* en référence à une réalité qui la dépasse. Ce qu'elles nous disent sur la taille, la composition de la peinture, etc. n'est pas faux en soi, mais elles n'épuisent pas la connaissance de l'icône, et ce serait à la fois de l'ignorance et de l'*hubris* de prétendre que ce type de connaissance en est la seule connaissance possible. Les conséquences de cette ignorance qui s'affiche comme une science totalitaire combinée à une *hubris* démesurée, rendues encore plus dangereuses par le fait d'être niées, sont mortelles pour la vie spirituelle. Cette ignorance, cette *hubris* et ce déni ont des conséquences désastreuses plus évidentes encore dans la relation de l'homme avec la nature qui, dans le monde moderne, est dépossédée de son sens profond en résultat des prétentions exclusives de la science baconienne.

Smith nuance ses commentaires sur la science baconienne en disant que la science contemporaine, dans ce qu'elle a de meilleur, n'est pas complètement baconienne, comme le montre un commentaire occasionnel d'Einstein sur « Le

Vieux », nous donnant à penser qu'il était peut-être lui aussi à la recherche de « sortes d'indices » (*vestigia* of a kind). Je reconnais qu'il existe un certain nombre de scientifiques, même à l'époque contemporaine, qui, à l'instar du botaniste anglais John Ray, cultivent la science avec l'intention de découvrir les *vestigia Dei* dans la création. Mais ils travaillent encore dans un cadre scientifique où de telles préoccupations chez un individu isolé ne peuvent en aucune manière affecter ses découvertes. On peut étudier et accepter la théorie de la relativité avec ou sans référence au « Vieux », ce qui signifie que le résultat de la science einsteinienne n'est pas la recherche des *vestigia Dei* ni la représentation du cosmos comme une icône, quelles qu'aient pu être les opinions personnelles d'Einstein.

La distinction que fait Smith entre ce qui *devrait* se passer dans l'esprit d'un scientifique moderne, raisonnant à partir des données fournies par les sens, et la signification de la connaissance selon la *sophia perennis* est d'une importance cruciale. L'épistémologie fournie par la *sophia perennis* couvre « un éventail incomparablement plus grand de possibilités cognitives » - pour citer l'auteur – puisqu'elle relie tous les actes de connaissance au fait que l'intellect humain participe à la lumière de l'Intellect Divin. Dans la plupart des discussions qui ont lieu aujourd'hui dans le champ de l'épistémologie, qu'elles soient scientifiques ou non, cet aspect est oublié ou du moins n'est pas souligné, y compris dans les travaux de nombreux penseurs musulmans contemporains qui écrivent sur le sujet. Cette participation ne se limite pas aux « moments d'illumination », mais concerne toute connaissance qui relie le sujet humain à l'objet connu. Smith cite l'Évangile de Jean et affirme que « ce qui relie en fin de compte le sujet humain à son objet dans l'acte de connaissance, c'est bien « la vraie Lumière qui éclaire tout homme venant dans le monde" » (I, 9). La *sophia perennis* étant à la fois pérenne et universelle, il convient d'ajouter ici à quel point cette thèse est centrale dans d'autres traditions. Connaissant mieux la tradition islamique que d'autres, je peux m'y référer et ajouter qu'il existe de nombreux versets du Coran et des Hadith sur la relation entre la connaissance (al-'ilm) et la lumière, qui constitue une vaste hiérarchie émanant de Dieu. En fait, selon le Coran (XXIV, 35), Dieu est la lumière non seulement des cieux, mais aussi de la terre. Sur la base de ces sources traditionnelles et de certains éléments de la philosophie grecque, les philosophes islamiques, depuis al-Farabi et Ibn Sina, ont parlé de l'illumination de l'intellect humain par l'Intellect Actif dans l'acte d'intellection. Le symbolisme de la lumière était particulièrement central dans les enseignements de Suhrawardi, le fondateur de l'école de l'illumination (al-ishraq) et ce que le professeur Smith a écrit sur la participation à la Lumière de l'Intellect Divin est pratiquement identique aux vues de Suhrawardi, si ce n'est que ce dernier identifie cette lumière, dans ses différents degrés, à différentes substances angéliques. Une fois de plus, je dois souligner l'importance de cette question pour une étude approfondie de l'épistémologie de la science moderne à la lumière des enseignements traditionnels et, en ce qui concerne les penseurs musulmans qui écrivent à l'heure actuelle sur l'épistémologie, combien il est crucial de comprendre d'abord les notions de la philosophie islamique traditionnelle dans ce domaine avant de s'embarquer dans des comparaisons souvent puériles et par ailleurs stériles entre les épistémologies traditionnelles et l'épistémologie scientifique moderne.

Smith souligne à juste titre la nécessité d'une tradition sapientielle vivante au sein de laquelle les sciences cosmologiques sont cultivées et sans laquelle elles s'étiolent et meurent « donnant ainsi naissance à ce que l'on peut effectivement qualifier de superstition ». Il s'agit là d'une évaluation très correcte qu'il me faut préciser. Une superstition est littéralement quelque chose dont le fondement a été supprimé. Les enseignements métaphysiques de la *sophia perennis* constituent précisément le fondement sur lequel reposait la cosmologie traditionnelle. En conséquence, avec la destruction de ce fondement, cette science ne pouvait qu'être réduite à une superstition, même si elle portait encore des résidus de vérités qui n'étaient plus comprises. Le phénomène de l'occultisme en Occident est très intéressant de ce point de vue. Dans d'autres civilisations où la base métaphysique n'a pas été détruite, il existe certainement des formes de superstition populaire qui sont également très présentes dans le monde moderne, bien que sous d'autres formes, mais dans ces civilisations, on ne rencontre pas le phénomène de l'occultisme tel qu'il s'est développé dans les salons en France et en Europe à partir du XVIIIe siècle. Beaucoup de gens d'aujourd'hui, en particulier ceux qui ont une inclination scientifique, rejettent d'emblée les sciences traditionnelles telles que l'alchimie comme étant de simples superstitions. Mais ils ne se rendent pas compte que ces sciences sont semblables à des joyaux qui brillent à la lumière d'une tradition sapientielle vivante et qui deviennent opaques une fois que cette lumière disparaît. Paradoxalement, en prétendant reléguer les sciences cosmologiques traditionnelles dans la catégorie des superstitions, l'entreprise scientifique moderne a non seulement été impuissante face à l'intérêt croissant pour ces sciences, même sous la forme résiduelle qu'elles avaient prises dans les milieux occultistes, mais elle a contribué à l'émergence de nouvelles formes de superstition, telle l'idée de progrès, beaucoup plus dangereuses pour l'avenir de l'humanité que la pratique de l'astrologie prédictive.

Revenant à la question de la perception, Smith souligne que les ondes lumineuses, les ondes sonores, les fonctions cérébrales et autres sont bien sûr nécessaires et jouent un rôle dans l'acte de perception, mais qu'« elles ne constituent pas – elles ne peuvent pas constituer ! – l'acte perceptif » qui n'est « littéralement pas de ce monde ». Il rend également responsable l'homme européen postmédiéval de l'oubli de la *participation* qui l'a fait tomber dans la croyance erronée en la bifurcation. J'ai repris ces lignes pour souligner leur importance centrale et mon plein accord avec elles. La philosophie, la psychologie ou la science modernes ne sont tout simplement pas capables d'apporter une explication à la perception, qu'elles réduisent toujours à l'une de ses parties ou à autre chose, parce que la participation de l'intellect humain à la Lumière de l'Intellect Divin est tout simplement au-delà de la vision du monde tronquée dans laquelle opère toute la pensée moderne, qu'elle soit philosophique, psychologique ou scientifique. La redécouverte de la signification réelle de la perception n'est possible qu'à la lumière de la *sophia perennis* et elle est elle-même une clé pour la découverte de l'univers métaphysique dépeint par la philosophie pérenne dans sa vastitude et son intégralité. Et je suis d'accord avec Smith pour dire que le plus grand obstacle à l'intégration de la science moderne aux ordres supérieurs de la connaissance et à la redécouverte du miracle de la perception est le dualisme cartésien, autrement dit la théorie de la bifurcation.

Je crois que la distinction ingénieuse faite par Smith entre les mondes corporel et physique et le fait de limiter la mécanique quantique au monde physique plutôt qu'au corporel, de même que la relation entre les deux dont il parle, sont des étapes majeures dans la formulation d'une philosophie de la physique plus significative et en accord avec la *sophia perennis*. Comme Smith, je souhaite souligner que les mondes corporel et physique, tels qu'il les définit, ne sont pas seulement différents, mais constituent deux domaines ontologiquement distincts. Il y a un hiatus ontologique entre les deux et on ne peut pas dire que la strate matérielle contienne simplement les « blocs de construction » du monde corporel. Toute l'idée de particules fondamentales à partir desquelles on peut construire le monde corporel avec ses formes et ses qualités est donc fausse ; et la forme et la qualité associées au monde corporel –

sans parler des réalités psychologiques et spirituelles – ne peuvent jamais être réduites aux éléments quantitatifs du monde physique qui seuls peuvent être étudiés par la « méthode scientifique moderne » et constituer l'objet de la mécanique quantique. Comprendre le statut ontologique du monde corporel et du monde physique permettrait également de penser le statut de la physique quantique non seulement dans sa relation avec le monde de la physique classique, mais également avec le monde corporel, ou ce que l'on appelle ordinairement le « monde physique » (contrairement à la terminologie de Smith), et les sciences traditionnelles qui traitent des aspects qualitatifs et formels de ce monde. Naturellement, sans les mathématiques, il n'est aucune possibilité d'étude de ce monde physique, tel que le définit Smith.

Cette conscience ontologique clarifierait également le point fondamental que j'ai mentionné dans nombre de mes écrits, à savoir que les sciences cosmologiques traditionnelles ne sont pas simplement des tentatives grossières de comprendre la nature et des étapes primitives des sciences quantitatives modernes, mais qu'elles contiennent une connaissance profonde des aspects formels et qualitatifs du monde corporel qui ne sont pas réductibles à la quantité ni d'une importance inférieure à cette dernière, « *a la* Galilée ». Au contraire, elles renvoient à des réalités dont le niveau ontologique est supérieur à celui du quantitatif.

L'analogie établie par Smith entre la *materia secunda* et le plan euclidien d'où émergent les formes géométriques et dans lequel elles s'actualisent est également une analogie brillante avec laquelle je ne peux qu'être d'accord. Il est si important de se rappeler que les objets de la physique moderne ne sont pas comme des tables et des chaises, sauf qu'ils sont plus petits, mais qu'ils sont « construits », pour citer Smith, c'est-à-dire qu'ils sont « définis ou spécifiés par une certaine intervention expérimentale ». Et pourtant, bien que les moyens expérimentaux affectent la forme des lois physiques, le contenu des équations mathématiques qui contiennent les lois ne découle pas des méthodes expérimentales particulières utilisées. Ici encore, l'analogie entre la *materia secunda* de la physique et le plan géométrique de la géométrie euclidienne devient utile, car, dans le cas de la géométrie également, alors que la manière d'opérer d'un géomètre affecte les propriétés géométriques de ce qui est construit, que le géomètre dessine un carré ou un cercle, les structures mathématiques des formes géométriques ne sont pas déterminées par le géomètre. Elles appartiennent en fin de compte au monde intelligible que Smith associe à juste titre à l'acception platonicienne de ce terme. Cette analyse est tout à fait conforme à mes vues et ouvre la porte, pour ceux qui sont capables de comprendre les principes de la *sophia perennis* autant que ceux de la physique moderne, à l'intégration de la mécanique quantique dans la hiérarchie traditionnelle de la connaissance. Elle invite à intégrer le monde que traite la mécanique quantique dans la hiérarchie ontologique de la philosophie pérenne.

Pour atteindre cet objectif, il est essentiel de comprendre que les objets physiques de la mécanique quantique ne sont pas des « choses » au sens ordinaire du terme, mais qu'ils sont de l'ordre de l'impalpable. Ils sont plutôt relationnels et ne possèdent pas d'*esse.* La principale leçon à tirer de cette vérité est que les attributs essentiels des choses ne proviennent pas des objets quantiques, mais d'ailleurs, ou plus précisément d'en haut. Smith propose une merveilleuse métaphore lorsqu'il dit que « l'essence d'une plante, après tout, provient de la graine et non du sol dans lequel la graine est plantée ». On pourrait dire que la graine, dans cette métaphore, se réfère en fin de compte à la réalité archétypale ou à l'idée platonicienne que la plante en question reflète et manifeste sur le plan corporel. Une contribution précieuse de Smith est d'affirmer que la physique moderne ne traite pas de l'essence, qu'elle est *inessentielle* : la prise de conscience de cette vérité donne l'occasion aux réductionnistes qui cherchent le soleil au fond du puits de jeter un regard vers le haut afin de voir l'origine des essences que l'on observe et dont on fait l'expérience dans le monde corporel.

De mon point de vue, le professeur Smith a tout à fait raison lorsqu'il affirme que « le pas décisif dans la restitution de la *cosmologia perennis* est sans conteste la redécouverte des "formes" en tant que principe ontologique et causal », et j'ai d'ailleurs exprimé la même idée à plusieurs reprises dans mes écrits. Et il est tout à fait exact que la destruction du sens des formes due à l'incompréhension de leur signification réelle chez Bacon et Descartes a ouvert la porte au réductionnisme de la science moderne et à l'insistance des scientifiques pour tenter d'expliquer les choses en prétendant que le tout n'est rien de plus que la somme de ses parties. Cependant, lorsque Smith affirme que cette destruction des formes « [...] n'a pas conduit à la réalisation de l'objectif réductionniste » et que « la philosophie réductionniste semble avoir fait son temps en tant que principe heuristique », il me semble qu'il n'a en vue que quelques scientifiques semblables à lui, et non l'impact du réductionnisme d'origine scientifique sur la scène culturelle d'aujourd'hui. Il suffit de considérer la vision courante du monde physique, de la médecine et du corps, de l'approche des problèmes sociaux, économiques et écologiques, pour constater à quel point la vision réductionniste est vraiment enracinée. La philosophie de la totalité reste encore marginale dans la vision du monde de l'homme moderne et postmoderne, et cela est dû principalement à la science dominante.

Smith déclare en outre de manière apodictique qu'il existe dans le monde des principes formels non mathématiques qui « ne sont autres que les formes substantielles dont il a déjà été question, qui s'avèrent par ailleurs "essentielles" au sens ontologique strict », et il ajoute plus loin que ces formes constituent un ordre ontologique. Si cette affirmation centrale de Smith, avec laquelle je suis entièrement d'accord, devait être pleinement acceptée par la science actuelle, une vision scientifique nouvelle verrait le jour, cessant d'être celle de la science telle qu'on la connaît aujourd'hui, et se transformerait en une extension des sciences traditionnelles, comme je l'ai déjà proposé. Alors, et seulement alors, il sera possible de dire que la dictature du réductionnisme aura cessé et qu'il n'a plus d'« utilité ». En attendant, il continue malheureusement à niveler les choses selon leur plus petit dénominateur commun, à détruire la qualité au nom de la quantité et à appauvrir la vision spirituelle et l'esprit de ceux qui sont touchés par le chant de ses sirènes.

L'essai de Wolfgang Smith, auquel je n'ai fait qu'ajouter quelques commentaires, est un essai précurseur et devrait être étudié soigneusement par tous ceux qui s'intéressent à la réintégration de la science dans la métaphysique, qui repose au cœur de la *sophia perennis* et des sciences cosmologiques traditionnelles qui lui sont associées. Il serait également une lecture nécessaire à ceux qui sont en quête d'une nouvelle philosophie des sciences, mais se contentent souvent d'adaptations superficielles du taoïsme ou de l'hindouisme pour les rapporter ensuite aux découvertes de la science moderne. Smith nous emmène beaucoup plus loin dans cette recherche en montrant le rôle que peut jouer la *sophia perennis* dans une compréhension véritable du sens de la mécanique quantique et l'intégration de la connaissance scientifique à la hiérarchie universelle de la connaissance.

Depuis une quarantaine d'années, j'écris sur la science traditionnelle dans sa relation à la science moderne, sur la science islamique et la hiérarchie de la connaissance, ainsi que la métaphysique traditionnelle et la philosophie pérenne. C'est pour moi une expérience exaltante de voir ici presque une synthèse de ma propre pensée, avec de nombreuses intuitions nouvelles sur le sujet présentées par un scientifique en activité tout en étant versé dans les doctrines traditionnelles. En écrivant ces lignes, j'ai l'impression de développer certaines de mes pensées en direction d'un nouvel horizon ouvert par Smith. Il n'y a pratiquement rien dans ce texte important auquel il m'aurait fallu répondre de manière critique afin d'en souligner les différences avec ma propre pensée. Au contraire, pour comprendre ma pensée sur le rapport entre la *sophia perennis* et la science moderne, il est important de noter mon plein accord avec les thèses principales de Smith qui font pleinement justice aux doctrines traditionnelles et aux principes de la *sophia perennis*, et d'autre part aux découvertes de la mécanique quantique et à la nature de l'entreprise de la physique moderne. Je suis heureux que l'occasion d'écrire pour ce volume ait permis au professeur Smith de publier cet essai d'une importance exceptionnelle sur la relation entre la philosophie pérenne et la science moderne, domaine qui m'a préoccupé depuis l'époque où j'étais étudiant.[279]

Seyyed Hossein Nasr
(31 V 2001)

[279] « Reply to Wolfgang Smith » (Réponse à Wolfgang Smith), tiré de *The Philosophy of Seyyed Hossein Nasr*. Copyright © 2001 par The Library of Living Philosophers, pp. 486-492. Reproduit avec autorisation.

CHAPITRE XIII

WOLFGANG SMITH, CATHOLIQUE TRADITIONALISTE

Bien avant de rencontrer Wolfgang Smith, je connaissais déjà ses travaux novateurs. J'avais des exemplaires de tous ses livres et articles, et j'en avais tiré un grand profit. En 2009, j'ai voulu lui demander s'il accepterait de contribuer à un livre que j'étais en train d'éditer. J'ai fini par obtenir son adresse postale par l'intermédiaire d'amis communs, qui m'ont dit qu'il n'utilisait pas le courrier électronique et que la seule façon de le contacter était par lettre. Le lieu où il se trouvait était pratiquement inconnu, et peu d'informations personnelles étaient disponibles sur Internet à son sujet. Il vivait avec sa femme comme un reclus – dans le monde, mais ne lui appartenant pas, conformément au rappel du Christ selon lequel « Mon royaume n'est pas de ce monde » (Jn XVIII, 36).

Quelques jours après lui avoir écrit, j'ai eu l'honneur de recevoir un appel téléphonique de Wolfgang exprimant sa gratitude pour ma lettre l'invitant à soumettre un article pour le livre. Ce fut la première de nombreuses conversations mémorables. Moins d'un mois plus tard, aux alentours du 30 mars 2009, j'eus la chance de le rencontrer en personne, ainsi que sa femme Thea, à Ojai, en Californie, à un peu plus de 30 miles de Camarillo. Sa femme était une personne exceptionnelle et talentueuse, très pieuse dans sa foi catholique.

Je me souviens que lorsque le déjeuner allait être servi à notre table, Thea et lui ont exprimé le désir de rendre grâce pour la nourriture que nous étions sur le point de recevoir, et ils ont commencé à dire un bénédicité. Le patio du restaurant était très fréquenté, mais ils ont entrepris leur consécration sans hésiter. Ce fut un moment merveilleux de présence divine reconnue dans l'ici et maintenant. Nous n'aurions pu rêver d'une plus belle journée : c'était une après-midi de printemps vraiment étonnante. Notre conversation, qui a porté sur de nombreux thèmes - nos séjours en Inde, l'état du monde, les amis communs, les livres essentiels – revenait sans cesse sur notre relation au Seigneur, *condition sine qua non* de la condition humaine. Après cette rencontre providentielle, nous eûmes plusieurs conversations téléphoniques et des échanges écrits.

Wolfgang a exprimé à de nombreuses reprises sa chance d'avoir créé sa propre théorie mathématique des submersions, ce qui lui a permis de conserver sa position au sein du monde universitaire sans avoir à faire face à ses polémiques internes. Bien que les mathématiques l'aient intéressé et qu'il ait publié de nombreux ouvrages importants dans ce domaine, son intérêt le portait plutôt à la philosophie des sciences et à la métaphysique. Wolfgang a évoqué le profond isolement dont il a fait l'expérience tout au long de sa longue carrière de professeur, n'ayant jamais connu personne qu'il ait pu appeler ami parmi ses collègues, ce qui laissa en lui une impression permanente concernant non seulement l'état du milieu universitaire, mais aussi celui du monde autour de lui.

Une dizaine d'années plus tard, j'ai été informé par des amis communs du décès de son épouse bien-aimée Thea (Dorothy Marguerite, née en 1926), à l'âge de 90 ans, le 21 juin 2017. J'ai immédiatement écrit à Wolfgang pour lui présenter mes condoléances. Il m'a téléphoné peu après et nous avons longuement parlé de Thea et du rôle important qu'elle avait joué dans sa vie. En effet, c'est l'influence de Thea qui a guidé le retour de Wolfgang à la tradition chrétienne. Elle avait passé quelque dix-sept ans dans le couvent catholique des Sœurs de Saint-Joseph de Carondelet, qu'elle avait quitté après avoir été témoin des excès qui avaient suivi le Concile Vatican II (1962-1965), sur l'insistance de son directeur spirituel. Elle avait confié à son mari que « Dieu l'avait envoyée au couvent pour attraper un gros poisson » : il s'agissait bien sûr de Wolfgang lui-même. Nous avons également discuté de son œuvre en cours et du prochain long métrage consacré à sa vie et à sa pensée, *The End of Quantum Reality*, qui allait sortir en janvier 2020.

La décision de Wolfgang d'aller de l'avant et de participer à ce projet a été une véritable surprise, compte tenu de la nature personnelle du film et de la description intime de sa vie et de sa pensée. Je dis cela parce que je savais qu'il était un homme très solitaire qui répugnait à ce que les détails de sa vie soient exposés au public. Sa décision, cependant, fut un cadeau extrêmement généreux dont profiteront certainement de nombreuses personnes. Lors de l'entretien que j'ai mené avec Wolfgang à propos de ce film, nous avons passé toute la journée et une bonne partie de la nuit ensemble.[280] Alors que nous discutions de nombreux sujets importants, je me souviens qu'à un moment donné, assis dans son charmant salon, nous écoutions *The Best of Serge Jaroff and His Don Cossacks*, appréciant la puissance et la richesse des voix. Il aimait beaucoup la musique classique et, lorsqu'il ne pouvait plus assister en personne à des concerts, il en regardait attentivement les diffusions en direct chez lui.

À plusieurs reprises, Wolfgang a exprimé, en termes très clairs, que s'il n'y avait pas eu Rick DeLano (1957-2022), le

[280] Voir Samuel Bendeck Sotillos, "The End of Quantum Reality : A Conversation with Wolfgang Smith", *Sacred Web : A Journal of Tradition and Modernity*, Vol. 45 (été 2020), pp. 48-65.

producteur du film, qui est entré dans sa vie juste au moment où Thea quittait ce monde, il serait certainement mort peu de temps après. Le chagrin qu'il a ressenti a été pour lui un coup très dur. Il lui était très difficile d'envisager une vie sans Thea – ils avaient été inséparables. Son nouveau travail, ainsi que le film, apportèrent à Wolfgang un grand soutien et une force spirituelle qui lui permirent de continuer à vivre malgré cette terrible perte. Possédant un doctorat en mathématiques, Thea était également musicienne, danseuse et chanteuse. Elle avait d'ailleurs écrit une chanson, intitulée « Lonely Man », qui exprime le grand respect qu'elle éprouvait pour son mari bien-aimé, et figure dans le film. Wolfgang, racontant l'histoire de la chanson, disait que Thea était allée se promener un jour sur leur propriété isolée (à l'extérieur de Corvallis, dans l'Oregon). De retour chez eux, elle lui avait confié que la chanson lui était venue à l'esprit et qu'elle l'avait chantée pour lui.

Bien que Wolfgang ait considéré la métaphysique comme quelque chose d'universel et d'intemporel, il revenait toujours à l'unicité de la tradition chrétienne et insistait sur la nécessité de prier constamment en se souvenant de la « seule chose nécessaire » (Lc X, 42). Il insistait sur le fait que la Trinité et l'Incarnation ne se trouvaient dans aucune autre religion. Il était inflexible sur ce point, soulignant que cette caractéristique unique ne pouvait être minimisée, car cela serait revenu à une incompréhension du christianisme lui-même. Il va sans dire qu'il prenait à cœur l'enseignement de l'Évangile : « La vie éternelle, c'est qu'ils te connaissent, toi, le seul vrai Dieu, et celui que tu as envoyé, Jésus-Christ » (Jn XVII, 3). Il s'est senti béni d'avoir rendu visite, à San Giovanni Rotondo, au Padre Pio (1887-1968) qu'il considérait comme l'un des plus grands saints modernes de l'Église catholique, et il eut également le privilège de participer à une audience publique du pape Pie XII (1876-1958) à Rome.

Wolfgang croyait fermement que viendrait bientôt le temps de l'émergence d'un corps ecclésial nouveau, où l'Église connaîtrait une métamorphose rappelant les trois étapes de la vie du Christ. Malachi Martin (1921-1999) a qualifié la deuxième étape d'« Église de la mise au tombeau » (ou Église souterraine), celle où nous nous trouvons actuellement, et nommé son étape finale « Église de la résurrection ». Wolfgang parlait souvent de Malachi Martin, qu'il connaissait personnellement et dont il considérait l'œuvre comme profondément significative. Il était également d'avis que la mission de cette nouvelle Église ne serait réalisée que lorsque le catholicisme romain et l'orthodoxie orientale (ainsi que les formes protestantes du christianisme) seraient réunis, tous deux se complétant – « l'Église doit respirer avec ses deux poumons », comme l'a fait remarquer un jour saint Jean-Paul II. Ce n'est qu'alors qu'il pourrait y avoir une véritable Église *catholique,* c'est-à-dire universelle. Cette nouvelle Église ne ressemblerait guère au catholicisme tel qu'il se présente aujourd'hui, car elle serait plus mystique dans sa ligne générale. Wolfgang a rappelé son accord avec le Père Martin dans sa critique du Concile, et la nécessité que l'Église de la Résurrection se réalise.[281]

Je me souviens avoir eu une longue conversation avec Wolfgang le 18 février 2020 – à l'occasion de son 90e anniversaire – et avoir fait une remarque sur l'assiduité avec laquelle il travaillait à ses nouveaux projets. Il faisait preuve d'une énergie et d'un engagement remarquables en poursuivant inlassablement ce travail important, notant que s'il devait cesser d'écrire, il rendrait probablement son dernier soupir peu de temps après. Il faut savoir que lorsque j'ai rencontré Wolfgang pour la première fois, des années auparavant, il avait explicitement déclaré qu'il allait poser son stylo et se retirer de

[281] Voir Wolfgang Smith, *In Quest of Catholicity : Malachi Martin Responds to Wolfgang Smith* (Brooklyn, NY : Angelico Press, 2016).

l'écriture. Nombreux sont ceux qui lui sont reconnaissants de ne pas avoir donné suite à cette résolution, et il est vraiment remarquable de voir tout ce qu'il a accompli depuis.

Je lui ai demandé un jour comment il souhaitait que l'on se souvienne de lui, ce à quoi il a répondu : « En tant que chrétien croyant ». Lorsqu'on lui a demandé comment il décrirait sa contribution à la science, il a répondu : « Lorsque nous naissons, nous avons un destin, une voie que nous sommes censés suivre ; nous sommes libres de nous y conformer ou non. Mon intérêt pour la physique et les mathématiques était un signal auquel j'étais censé obéir. Suivre ce chemin – tel qu'il avait été déterminé par Dieu – c'est plus beau que tout ce que l'on peut imaginer ». Il a répété que sa tâche était « d'accomplir son destin ». Wolfgang a prouvé, une fois pour toutes, que la science déconnectée de la métaphysique conduit non seulement à un déséquilibre profond, mais aussi à l'idéologie néfaste du scientisme, ainsi qu'à la pseudo-religion de l'humanité sécularisée post-moderne. Pour lui, la science ne peut être une connaissance valable qu'avec sa reconnaissance d'une transcendance.

Dans certaines de nos conversations, Wolfgang a fait remarquer qu'il ne savait pas combien de temps il lui restait à vivre et qu'il avait frôlé la mort à plusieurs reprises (fuyant le régime nazi dans les années trente, ou lors de plusieurs expéditions en montagne). Il s'est battu vaillamment contre les épreuves afin de poursuivre son travail. Lors d'une de nos visites, Wolfgang semblait avoir beaucoup de problèmes de santé. Il pouvait à peine respirer et marcher lui était très difficile. On ne pouvait savoir combien de temps il supporterait cet état. Pourtant, il y avait des moments où il était si vibrant, présent et clair dans son élocution, sans parler de son énergie inébranlable, que cela me rappelait le Wolfgang que j'avais connu des années auparavant. En ce qui concerne l'au-delà, il disait que nos états post-mortem étaient une énigme indéchiffrable, sur laquelle il refusait de spéculer.

Au cours de la récente pandémie, nous nous sommes souvent parlé au téléphone, en raison de l'ordre de mise à l'abri qui l'a contraint à un isolement sévère. Il disait toujours que « cela aussi passerait », insistant sur le fait que nous ne devons jamais perdre espoir. Il observait que, dans les moments les plus difficiles, la grâce abonde – notre premier devoir est donc de toujours chercher refuge en Dieu et de prier continuellement. Tout au long de cette période, Wolfgang m'a avoué qu'il y avait des jours où il mangeait à peine, travaillant presque 24 heures sur 24, ce qui lui permettait de découvrir de nouveaux terrains et d'approfondir ses idées. Ainsi, bien que cette période ait été très éprouvante, elle fut également une bénédiction, car elle lui avait donné la possibilité d'achever l'*opus* de sa vie. Pendant cette période d'incertitude, il se remémorait souvent le verset : « Celui qui n'est pas avec moi est contre moi » (Mt XII, 30), indiquant que nous avons tous un choix à faire dans cette existence terrestre et que, si nous ne conformons pas notre volonté à celle de Dieu, nous travaillons, consciemment ou non, contre Lui. Wolfgang n'a jamais manqué de placer sa confiance en Dieu, affirmant qu'il était impératif de vivre une vie de prière et de contemplation.

Pendant la crise du Covid, Wolfgang déplorait que les églises fussent fermées, privant les fidèles de la communion, mais il a trouvé le moyen d'assister à la messe en secret. Par ailleurs, il a toujours préféré la communion sur la langue, trouvant que l'usage des mains introduisait une participation non souhaitable du fidèle.

Wolfgang a constaté que les forces des ténèbres étaient très puissantes et que, si ces restrictions liturgiques étaient présentées comme une mesure de sécurité publique, elles n'en étaient pas moins un prétexte pour saper l'Église catholique traditionnelle. Grâce à un réseau clandestin, il a pu entrer en contact avec des prêtres qui offraient la messe traditionnelle de manière correcte (bien que clandestine). Pendant tout ce temps, il n'a jamais oublié ces paroles réconfortantes : « Je suis avec vous tous les jours, jusqu'à la fin du monde » (Mt XXVIII, 20). Inutile de dire qu'il a rendu grâce lorsqu'il a pu retourner à la chapelle Sainte-Marie-Madeleine, où il a pu à nouveau assister à la messe tridentine et recevoir la Sainte Hostie sur la langue, comme il avait pu le faire auparavant.

Fréquemment il donnait le conseil, en ce qui concerne notre vie spirituelle, de « lire de manière sélective » – leçon importante de sa part, car au début de sa vie, il lisait tout ce qui lui tombait sous la main pourvu que ça l'intéresse. Il ajoutait qu'« on se noie, quelle que soit la distance que l'on peut parcourir à la nage : on ne peut pas atteindre le rivage parce qu'il n'y a aucun moyen d'assimiler tout ce qu'il y a à apprendre ». C'est pourquoi il avait compris, au cours de sa longue et heureuse vie, qu'il est primordial de centrer notre vie spirituelle sur le Christ, afin de retourner à Dieu.

En mars 2023, Wolfgang a frôlé la mort lorsqu'il a fait une très mauvaise chute dans l'escalier de sa maison à deux niveaux, se cognant la tête et se cassant plusieurs côtes. Bien qu'il ait pu écrire peu après l'accident (afin d'achever la publication de ses œuvres rassemblées par l'intermédiaire de l'Initiative Philos-Sophia), il m'a avoué à plusieurs reprises qu'il ne s'était pas complètement remis. La veille de Noël 2023, il fit une nouvelle chute grave, ce qui nécessita son admission dans un établissement d'assistance médicale. C'est à la fin du mois de mai 2024 que j'ai pu rendre visite à Wolfgang pour la dernière fois avant qu'il ne repose dans son Seigneur.

Wolfgang était exceptionnellement sérieux dans son comportement et possédait une intelligence aiguë. C'était également un artisan du langage très méticuleux, toujours soucieux de communiquer de manière précise en utilisant les mots correctement. Il était – au sens propre – le parfait gentleman, faisant preuve d'amabilité et de générosité envers tous. Il était une personne d'un autre âge, tout comme Thea : un âge oublié par le monde d'aujourd'hui. Il s'est toujours senti béni d'avoir vécu aussi longtemps et pensait que cela n'aurait pas été possible si Dieu ne l'avait pas voulu. Pour sa pierre tombale, Wolfgang a choisi l'inscription suivante : *Deus Caritas Est* (Dieu est amour), car toutes les choses sont enchâssées dans la miséricorde divine. Cette inscription est tirée du verset « Dieu est amour ; et celui qui demeure dans l'amour demeure en Dieu, et Dieu en lui » (1 Jn IV, 16). Il a insisté sur le fait que *l'amour* n'était pas une simple notion sentimentale, mais un mode de vie.

Samuel Bendeck Sotillos

Chapitre XIV

Contre la théologie-fiction teilhardienne

Pasolini a écrit un jour que la théologie est l'une des branches de la littérature fantastique. On réservera cette assertion à la théologie-fiction de Pierre Teilhard de Chardin (1881-1955). Malgré onze condamnations par l'Église, qui le réduisit au silence en raison des « *graves atteintes à la doctrine catholique* » développées dans ses livres, elle a connu un incroyable succès dans les années cinquante et surtout soixante. Même de bons esprits furent alors séduits par une prose lyrique remplie de néologismes et d'envolées poétiques attrayantes quoique bizarres. Son projet euphorique de réconcilier science moderne et foi était bien dans l'air d'un temps baigné d'optimisme sur fond d'avancées technologiques. Le grand théologien Henri de Lubac avait été chargé par la Compagnie de Jésus de défendre son confrère. Auparavant, Teilhard lui avait soumis le manuscrit du *Phénomène humain :* Lubac lui avait envoyé en retour 240 demandes de corrections !

Même si aujourd'hui la plupart des chrétiens ignorent l'œuvre du paléontologue-théologien, les jésuites tentent d'entretenir le feu. Les Facultés Loyola Paris (anciennement Centre Sèvres) ont une chaire qui porte son nom. Des cours et colloques sont organisés de temps à autre. En 2023, un Centre Teilhard de Chardin a été ouvert au cœur du pôle technologique et scientifique de Saclay, soutenu par la Compagnie de Jésus et des diocèses franciliens, avec l'ambition d'en faire *« un espace de dialogue entre sciences, philosophie et spiritualité »*.

Or non seulement les thèses du jésuite sont dénuées de crédibilité scientifique, mais encore contraires aux vérités de foi les plus élémentaires. C'est ce qu'a brillamment démontré Wolfgang Smith dans son livre *L'évolutionnisme théiste de Teilhard de Chardin*[282], déployant sa double compétence de philosophe inspiré et de scientifique de haut niveau, physicien et mathématicien. Teilhard était un paléontologue sans génie particulier, incompétent en biologie comme en physique, et les connaissances qu'il tenait de son métier (la découverte de fossiles) n'avaient pas de lien avec sa construction idéologique, comme il le reconnaissait lui-même dans sa correspondance. Ce qui explique pourquoi ses thèses ont été critiquées par des savants de renom.

L'intention de Teilhard était de réintroduire Dieu à l'intérieur d'une vision scientifique dominée par l'évolution. Il ne cachait pas son intention de refonder le christianisme – un *« christianisme amélioré »*, un *« ultra-christianisme »*, un *« métachristianisme »*, comme il disait – sur de nouvelles bases. L'univers était conçu sous un mode panthéiste : *« Il n'y au Monde ni Esprit ni Matière ; l'Étoffe de l'Univers est Esprit-Matière »*. Selon une grande *« Loi de Complexité / Conscience »*, *« Tout ce qui existe est Matière qui devient Esprit »*. Pour lui, la doctrine de création *ex nihilo* est contredite par *« l'énormité temporo-spatiale »*, les *« immensités énergétiques »*, et les *« insondables liaisons organiques du Monde phénoménal »*. Pour Teilhard, *« la grâce représente une sur-création physique. Autrement dit elle est d'étoffe proprement biologique. »*

Il faut également abandonner notre conception d'un Dieu au-dessus du temps : *« Autour de nous et en nous, par rencontre de son Attraction et de notre Pensée, Dieu est en train de*

[282] L'Harmattan, 2023, 310 pages.

"changer"... Par montée de la Quantité d'Union cosmique, son éclat, sa teinte s'enrichissent ! » Répugnant à la loi de l'entropie croissante de l'univers, Teilhard affirme que tout convergerait irrésistiblement vers un « *Point Oméga* » qui n'est autre que le Christ cosmique.

L'une des pierres d'achoppement entre la vision de Teilhard et l'enseignement de l'Église est le dogme du péché originel. Dans un chapitre qui est peut-être le plus passionnant de son livre, Wolfgang Smith expose comment la Chute d'Adam s'insère dans une autre représentation des origines que celle du jésuite : « *c'est cette catastrophe primordiale, et non la montée darwinienne, qui est responsable de la condition que nous connaissons aujourd'hui* ». Au contraire, pour Teilhard, le mal est simplement assimilable au désordre causé par des processus naturels. Cette conception le conduit à une étonnante relativisation du péché de l'homme. Sa vision politique « *néo-humaniste* » s'appuie sur le phénomène de la « *socialisation* », l'agrégation par la collectivisation, qui le conduisit à une singulière complaisance pour les totalitarismes nazi et communiste. Il écrivait en 1938 : « *Je ne sais où fixer mes sympathies, à l'heure présente : où y a-t-il plus d'espoir et d'idéal présentement ? En Russie, ou à Berlin ?* »

Toutes les vérités de foi sont finalement réinterprétées à sa façon, tant bien que mal, ou, pour les plus gênantes, abandonnées.

La parution de l'essai de Wolfgang Smith a ravivé en France de vigoureuses polémiques. Les teilhardiens (souvent fort âgés) ont déploré – sans toujours le lire – les critiques visant un penseur qui a pu alimenter leur réflexion, tandis que d'autres ont rappelé les termes du Monitum du Saint-Office du 30 juin 1962 : « *Certaines œuvres du P. Pierre Teilhard de Chardin, publiées également après sa mort, se répandent et connaissent un vif succès. Sans porter de jugement sur ce qui a trait aux sciences positives, il est bien manifeste que, sur le plan philosophique et théologique, ces œuvres regorgent d'ambiguïtés telles, et même d'erreurs graves, qu'elles offensent la doctrine catholique.* » La force des analyses de Wolfgang Smith est de déconstruire le cœur de la théologie-fiction teilhardienne.

Denis Sureau

Chapitre XV

Pour en finir avec l'évolutionnisme

Dans une œuvre qui affiche dès le départ la volonté de défendre la perspective chrétienne sur le sens de la présence de l'homme dans l'univers, certains sujets ont chez Wolfgang Smith une place privilégiée et, abordés tant d'un point de vue scientifique que philosophique et religieux, font l'objet de développements réitérés dans la plupart de ses écrits. Smith n'a pas hésité à insister sur la nécessité de revenir aussi abondamment que nécessaire sur les dangers d'une certaine idéologie savamment entretenue dans les milieux scientifiques, quelles qu'en soient les raisons, et à la dénoncer d'autant plus vigoureusement que ses propres avancées dans le domaine de la physique lui ont fourni, au fil des années, de nouveaux arguments en faveur de ses propres convictions. C'est ainsi le cas de l'évolutionnisme, théorie aussi coriace qu'elle s'avère privée de toute base scientifique solide, mais objet d'une véritable religion laïque, entretenue depuis bientôt cent cinquante ans et désormais enracinée dans la mentalité de l'homme de la rue mal informé autant que celle de théologiens qui ont réussi à l'intégrer par on ne sait quel tour de force dans une vision chrétienne de la création.

C'est la raison pour laquelle, au fil d'une inspiration orientée vers une recherche permanente du réel et du vrai, Wolfgang Smith a apporté une vaste contribution à un courant de pensée antiévolutionniste qui rassemblait déjà, dans les années cinquante, des scientifiques de renom, tels en France Maurice Vernet, Louis Bounoure, Jean Rostand, ce dernier ayant confié au Figaro, au début de la grande fièvre évolutionniste, ces remarques affligées qui semblent avoir été incomprises : « Le monde postulé par le transformisme est un monde féerique, fantasmagorique, surréaliste. Le point important est que nous n'avons jamais été témoins, même en petit, d'un authentique phénomène d'évolution ». Et il conclut que malgré son caractère « indigeste », il est obligé d'y croire « parce qu'il ne voit pas le moyen de faire autrement ».[283] Telle est la pression du consensus scientifique dans certains cas.

La théorie de Darwin est trop connue pour que nous estimions nécessaire d'en donner une définition. Disons cependant d'entrée que Wolfgang Smith, au moment d'en débattre, signale clairement que la notion du transformisme (macroévolution) est d'ores et déjà écartée, et qu'il s'intéresse exclusivement à ce qu'on a appelé la microévolution, les modifications nombreuses et légères qui se produisent sur des périodes prolongées. Et nous découvrons assez vite que si cette forme de l'évolutionnisme tient une place importante dans l'œuvre de Smith, c'est que cette théorie a eu un impact considérable sur une question qu'il a particulièrement à cœur, à savoir *la pensée du Divin chez l'homme moderne et la place de la tradition dans le monde d'aujourd'hui*. Savons-nous si Darwin était ou non disposé à envisager une intervention divine dans la création ? Assez discret sur ce sujet, nous savons d'après ses carnets qu'il en éliminait l'éventualité. En revanche nous savons aussi que nombre d'évolutionnistes passés et présents ont été et sont résolument matérialistes. En témoigne entre autres la déclaration très explicite d'un évolutionniste éminent, Richard Lewontin, professant que « [son] attachement *a priori* aux causes matérielles est absolu, car nous ne pouvons tolérer la présence

[283] *Le Figaro Littéraire*, 20 avril 1957.

d'un pied divin dans la porte »[284]. Et, au cours de son développement, le darwinisme a nettement pris un caractère antireligieux.

Dès le chapitre initial de son premier ouvrage, « *Cosmos & Transcendence, Breaking Through the Barrier of Scientistic Belief*[285], abordant le thème de l'évolutionnisme, Smith signale en note, quasi *en passant,* « une remarquable théorie [qui] mérite d'être mentionnée » : il s'agit d'une explication résolvant à sa manière la problématique de l'absence de preuves tangibles de la continuité d'un phylum animal à un autre, dont le paléontologue français Louis Bounoure observe « qu'il faut être touché de la grâce évolutionniste pour trouver ce raisonnement convaincant. »[286] Manifestement Wolfgang Smith n'était pas touché par cette grâce, et il n'a eu de cesse, au contraire, de s'opposer à l'auteur de cette étonnante trouvaille, le Père jésuite Pierre Teilhard de Chardin, dont l'œuvre écrite et publiée est en contradiction flagrante avec la vision que défendait Smith de la Réalité globale. En fait, en ce qui concerne l'évolutionnisme, Smith, revenant sur le sujet dans la plupart de ses écrits, l'a toujours accompagné d'un exposé détaillé de ce qui est, selon lui, l'origine et le développement de la vie dans notre univers tel qu'il le conçoit. Exploitant à son avantage les critiques des scientifiques reconnus opposés à cette théorie, ce sont également des principes philosophiques et métaphysiques de ce qu'il nomme la *philosophia perennis* qu'il tire son argumentation. C'est là que se situe son originalité par

---

[284] Cité dans *L'Évolutionnisme théiste de Teilhard de Chardin, une analyse exhaustive de ses enseignements et de leurs conséquences* (désormais, *ÉT*), L'Harmattan, 2023, p. 15.

[285] *Cosmos & Transcendance, Breaking Through the Barrier of Scientistic Belief,* Sherwood, Sugden & Co, 1984, revised edition, Sophia Perennis, 2008 (trad. française à paraître, à L'Harmattan), p. 69, n.10.

[286] Au Congrès de Philosophie des Sciences tenu à Paris en 1949, cité dans *Cosmos & Transcendence,* p.69, n. 10.

rapport à ses contemporains opposés au darwinisme, qui généralement n'invoquent que des raisons scientifiques. Smith reprendra le sujet dans pratiquement tous ses ouvrages, mais pas avant d'avoir vilipendé son expression sous tous ses aspects chez son prophète attitré (Teilhard de Chardin, entr'aperçu dans *Cosmos & Transcendence*), à qui il consacrera son deuxième *opus* : *Theilhardism, the New Religion*[287].

Il nous faut, avant de poursuivre l'examen de l'apport de Wolfgang Smith sur le sujet, revenir au darwinisme et à sa destinée houleuse. La théorie de Darwin est en fin de compte basée sur l'évidence (et la loi) de la survie du plus vigoureux. À ses débuts, et jusqu'au milieu du siècle dernier, si improbable qu'elle fût, elle était encore scientifiquement concevable, les connaissances en biologie étant alors insuffisantes pour s'y opposer sérieusement. Ce n'est que lors de la découverte du génome et de l'ADN qu'elle commencera à battre de l'aile. Toutefois, dès le départ, Darwin sera à la peine pour fournir des arguments convaincants. À la recherche de preuves tangibles, de formes intermédiaires pertinentes, il se heurte, en paléontologie, à ce qu'on appelle la « stase des fossiles » et en biologie, à l'absence d'« organes vestigiaux » (certains qu'on pense avoir découverts seront reconnus, ultérieurement, comme ayant une fonction définie), tout comme d'« organes naissants » en cours de formation. Il est ainsi obligé de constater l'existence prolongée pendant des siècles de genres, espèces et familles stables, ne manifestant aucun changement... avant que n'apparaissent, d'un seul coup, des lignées totalement nouvelles et inconnues ; tout cela bien avant que les progrès de la biologie n'infirment enfin catégoriquement les prétentions de l'évolutionnisme et de son dogmatisme. Au sujet de ce dernier trait, la palme peut être décernée à Haeckel

---

287 *Teilhardism and the New Religion,*TAN Books and Publishers, Inc, Rockforf, Illinois, 1988.

(auteur du célèbre « arbre des espèces »), lorsqu'il déclare : « On ne peut imaginer rien de plus absurde, rien qui manifeste plus clairement un manque d'intelligence de notre théorie que *l'exigence qu'elle soit fondée sur l'évidence empirique* »[288]. Tout cela est bien loin du dictat de Claude Bernard : « Il ne faut croire à nos théories que sous bénéfice d'inventaire expérimental »[289].

À partir des années cinquante, les choses vont changer, et s'accélérer. En 1953, a lieu la découverte de l'ADN, la molécule qui contient notre bagage génétique, par John Francis Crick. Mais aussi, à peu près dans le même temps, certains philosophes vont explorer une nouvelle notion, le *principe anthropique*. En effet, si l'univers que nous habitons est un assemblage de totalités irréductibles remontant elles-mêmes à une Totalité irréductible unique appartenant au règne aeviternel, selon le plan tripartite qu'a présenté Wolfgang Smith (voir les chapitres précédents du présent ouvrage), on peut se poser la question du sens de ce mouvement ascendant de la vie répandu par cette Totalité, revenir à la question de Leibniz : « Pourquoi y a-t-il quelque chose plutôt que rien ? », et se demander quel est le but de ce processus de développement quasi ininterrompu et de plus en plus complexe ? La réponse des darwiniens, pour être fondée sur la théorie d'une évolution selon la loi de la survie du plus vigoureux, ne met en évidence aucune nécessité de ce mouvement ascendant autre qu'un paradis enfin réalisé au niveau corporel, la réussite finale d'une humanité parvenue à un « humanisme triomphant », dût-elle être au prix d'une évasion sur d'autres planètes, étant donné le sort que l'on prévoit pour celle-ci. La question du « sens » se pose, et la « nécessité » d'une cause première et d'une finalité subsiste.

---

[288] Cité dans *Le Phénomène Humain,* p. 151, et *ÉT*, p. 41, n. 18.
[289] Cité par Louis Bounoure, *Revue des Sciences Religieuses,* 1957.

Depuis la parution de *The anthropological principle,* de John Barrow et Frank Tipler en 1962[290], beaucoup d'eau est passée sous le pont du principe anthropique – version faible ou version forte – que proposaient alors les auteurs, autrement dit le principe d'une intelligence créatrice, prévoyant un cadre de vie habitable pour une humanité destinée à en surgir (soit dit en passant, ceci étant l'inverse de l'ordre de la création selon la Bible, l'Homme ayant précédé le Jardin). Ce principe a soulevé beaucoup de controverses et d'échanges d'injures plus ou moins déguisées. Depuis, le progrès de la science a provoqué des confrontations d'arguments presque aussi tendues, mais plus prégnantes. En 1982 paraît l'ouvrage de Paul Davies, qui « se pose la question de savoir pourquoi, parmi la gamme infinie de valeurs que la Nature aurait pu sélectionner en tant que constantes fondamentales, et parmi l'infinie variété des conditions initiales qui auraient pu caractériser l'univers primordial, les valeurs et les conditions qui ont prévalu produisent l'éventail des traits particuliers que nous observons »[291]. Enfin et surtout, Wolfgang Smith nous apprend qu'en 1996, le biologiste moléculaire Mikaël Behe, dans un traité intitulé *Darwin's Black Box,* introduit le concept de « *complexité irréductible* », et montre de manière convaincante « qu'aucun processus naturel ne peut donner naissance à des structures « *irréductiblement complexes* » (cité dans *Sagesse de la cosmologie ancienne* (2008)[292]. Son traité sera largement diffusé et débattu dans le milieu scientifique. L'essentiel de sa théorie tient dans la définition suivante : « Par *irréductiblement complexe,* j'entends un système unique composé de plusieurs

---

[290] John Barrow et Franck Tippler, *The Anthropic Principle* , Oxford University Press, 1962.

[291] *The Accidental Universe,* Cambridge University Press, 1982, p. 11. Cité dans *ÉT*, p. 45.

[292] *Sagesse de la cosmologie ancienne, les cosmologies traditionnelles face à la science contemporaine* (désormais *SCA),* L'Harmattan, 2008, p. 221.

parties bien ajustées qui contribuent à une fonction de base, et où le retrait d'une de ces parties empêche tout le système de continuer à fonctionner »[293]. La définition est intentionnellement formulée avec l'arrière-pensée de garantir qu'aucun processus darwinien n'ait la moindre possibilité de produire une structure irréductiblement complexe. Darwin lui-même avait observé que « si on pouvait démontrer qu'un organisme complexe existe, qui n'ait pu être construit à partir de modifications nombreuses, successives, légères, [sa] théorie s'écroulait » ; à quoi il ajoutait : « mais je ne vois aucun cas de ce genre »[294]. Or l'un des exemples de complexité irréductible les plus fréquemment cités est le cas impressionnant du flagelle bactérien dont la fonction est de propulser la bactérie dans son milieu aquatique, « une prouesse technologique qui défie l'imagination »[295] et dont aucun scénario darwinien ne pourrait rendre compte. Mais ce n'est pas tout : écoutons la suite, telle que Smith lui-même la rapporte :

> Deux ans après Behe, en 1998, William Dembski, mathématicien et philosophe, s'est demandé s'il est possible de reconnaître qu'il y a une finalité grâce à quelque signature ou critère susceptible de se définir en termes strictement mathématiques. Il s'avère que la théorie qui en résulte dans son traité intitulé *The Design Inference*[296], ne se contente pas de généraliser le concept de « complexité irréductible » de Behe, mais pose la question de la déduction d'un dessein intelligent *sur une base mathématique* et donc rigoureuse. Dembski a découvert que la signature ou le critère de ce dessein peut réellement s'exprimer dans les termes d'une notion probabiliste de « spécificité complexe » ou plus exactement, dans les termes de la théorie de l'information, d'un concept d'*information*

---

[293] *Ibid.*, p. 222.

[294] *Ibid.*

[295] Cité dans *SCA* , p. 223.

[296] *No Free Lunch,* Rodman & Littlefield, New York, 2002. Cf. *SCA,* p. 227.

spécifiée complexe ou CSI[297]. Le résultat essentiel est un théorème de conservation pour la CSI, qui affirme que la CSI ne peut être engendrée par aucun processus naturel, qu'il soit déterministe, aléatoire, ou une combinaison quelconque des deux, comme dans les algorithmes dits évolutionnaires[298].

Il n'est pas étonnant que Dembski se soit attiré les critiques de divers secteurs de l'establishment, avant tout des darwiniens. Mais en fin de compte, dit Wolfgang Smith, « il est difficile de chercher querelle à une théorie mathématique »[299].

Ainsi est née la théorie de *l'intelligent design* (dessein intelligent) et la doctrine évolutionniste se trouve-t-elle désormais sérieusement ébranlée. Mais serait-il possible que cela soit trop tard ?

En effet, apparaît vers le milieu du siècle un esprit « touché de la grâce évolutionniste » qui, se pensant appelé à réaliser une refonte de la religion catholique en fonction de la perspective évolutive, va entrer en scène et bientôt en occuper le devant. S'appuyant sur ses références professionnelles de paléontologue, le Père Teilhard de Chardin n'hésitera pas à prononcer sans sourciller des assertions aussi péremptoires qu'hasardeuses, par exemple : « Voici que les choses sont en train de changer. Depuis les temps de Darwin et Lamarck, de nombreuses trouvailles sont venues établir l'existence de formes de passage que postulait la théorie de l'Évolution »[300], une opinion en totale contradiction avec ce que nous avons mentionné précédemment. L'enthousiasme persuasif que déploie Teilhard à propager la théorie de Darwin est à la mesure de ses propres convictions :

> Une théorie, un système, l'Évolution ? Non point ; mais bien plus que cela, une condition générale à laquelle doivent se

---

[297] *Complex Specified Information.*

[298] *SCA* p. 221-227.

[299] *SCA* , p. 222.

[300] *Le Phénomène Humain,* p. 83, *ÉT* p. 40, n. 5.

plier et satisfaire désormais, pour être pensables et vraies, toutes les théories, toutes les hypothèses, tous les systèmes. Une lumière éclairant tous les faits, une courbure que doivent épouser tous les traits. Voilà ce qu'est l'Évolution »[301],

propos qui font dire à Hans Urs von Balthasar que « chez Teilhard, l'Évolution est l'unique catégorie de la pensée.[302]

Notons bien l'expression : « *toutes* les théories, *toutes* les hypothèses, *tous* les systèmes. Ainsi l'origine de l'Homme :

> Aujourd'hui, l'origine de l'Homme par voie évolutive ne fait plus aucun doute pour la science [...] Qu'on se le dise bien : la question est déjà réglée – si bien réglée que continuer à la discuter dans les Écoles est juste autant de temps perdu que si on délibérait encore sur l'impossibilité pour la terre de tourner.[303]

Il convient d'apprécier à sa juste mesure l'assurance incroyable avec laquelle sont prononcées des paroles aussi renversantes que « Cette *évidence* est désormais au-dessus de toute vérification, *comme aussi à l'abri de tout démenti ultérieur de l'expérience* »[304], comme si Teilhard ignorait que pour être jugée valide, il était nécessaire qu'une proposition scientifique soit considérée « falsifiable ». De même cette assertion étonnante apparaissant dans *Le Cœur de la Matière,* ouvrage composé un mois avant sa mort :

> En vérité le Christ sauve
> – mais ne faut-il pas ajouter immédiatement qu'il est *en même temps sauvé par l'Évolution* ?[305]

---

[301] *Le Phénomène Humain,* p. 242, *ÉT* p. 39,

[302] « Die Spiritualität Telhards de Chardin », *Wort und Wahrheit,* XVII, (1963), *p. 144. Cité dans ÉT,* p. 307.

[303] *Comment je crois,* p. 164, cité dans *ÉT,* p.43.

[304] *Ibid.,* p. 151, *ÉT,* p. 39.

[305] *Le Cœur de la Matière,* p. 186, ÉT, p. 164.

qui nous invite à aborder le thème épineux de l'évolutionnisme tel qu'il se manifeste en Dieu, au dire de Teilhard, et que Smith aborde de front et en détail dans un chapitre de son ouvrage sur *L'évolutionnisme théiste de Teilhard de Chardin.*[306]

Dans le chapitre intitulé *Le Dieu de l'Évolution,* Smith note que « la nouvelle théologie devait graviter autour du Christ incarné, mais naturellement, la figure du Christ a subi un changement. Elle a été transformée en une sorte de Christ cosmique, revêtu du corps de l'univers »[307]. Et surtout, il est devenu « un Christ qui *évolue* ». On se demande alors comment ce Christ cosmogénétique se relie à Dieu le Père. Que reste-t-il d'une théologie *ad intra* de la doctrine trinitaire ? Dans *Le Phénomène Humain,* Teilhard nous apprend que « si le Monde est convergent, et si le Christ en occupe le centre, alors la Christogénèse de S. Paul et de S. Jean n'est rien de moins que le prolongement de la Noogénèse en laquelle culmine la Cosmogénèse »[308]. Or il faut se rappeler qu'il n'y a pas *une* Christogénèse de S. Paul, mais deux : d'abord l'éternelle procession du Fils, le Verbe qui était « au commencement », et ensuite la naissance humaine du Christ « qui s'est fait chair et a demeuré parmi nous » (Jn, I, 14). À quelle Christogénèse Teilhard fait-il allusion ? Seul un Christ cosmique pourrait être éventuellement envisagé comme une extension du processus évolutif naturel. Mais alors, qu'en est-il de la doctrine *ad intra* du Logos ? Teilhard accepte-t-il l'idée du Verbe éternellement engendré ? Selon son raisonnement, la reconnaissance (par S. Jean) du Logos alexandrin a constitué une démarche capitale et certes inspirée, mais elle doit être suivie aujourd'hui par la permission, en fait *l'ordre, venant du Saint-Esprit,* d'employer la même tactique (les moyens *scientifiques*) en vue de

306 ÉT, Chapitre VI, pp. 143-178.

307 ÉT, p. 164.

308 *Le Phénomène Humain*, pp. 330-331, ÉT, p. 165.

concevoir une formulation meilleure et définitive de la vérité chrétienne. Teilhard est le nouvel apôtre, autorisé à identifier le Christ, non au Logos alexandrin, mais au « néo-Logos de la philosophie moderne, principal évoluteur d'un univers en mouvement.

Il est également intéressant de considérer ce qu'une théologie évolutionniste a à dire sur le sujet d'un Dieu conçu comme immuable, tel qu'il apparaît dans les paroles bibliques et évangéliques. « Les créatures changent, mais tu demeures », dit le psalmiste (Ps. CI, 27-28). Auteur du temps, Dieu n'est pas affecté par le temps : « Avant qu'Abraham fut, *Je suis* » – vérité vitale pour la foi chrétienne, et S. Augustin souligne le lien entre cette phrase prononcée en Jn VIII, 58 et l'avertissement redoutable en Jn VIII, 24 : « Si vous ne croyez pas que « Je suis », vous mourrez dans votre péché ». Or à la fin de sa vie, Teilhard parlant de sa période transitoire d'orthodoxie relative, écrit :

> Je ne me rendais pas compte qu'inévitablement, à mesure que des profondeurs de la Matière aux cimes de l'Esprit, Dieu « métamorphisait » le Monde, le Monde en retour devait « métamorphiser » Dieu. Sous l'effet même de l'opération unitive qui le révèle à nous, Dieu, en quelque façon, *se transforme en nous incorporant.*[309]

Il importe peu à Teilhard que le Christ Lui-même ait déclaré : « Soyez parfaits comme votre Père céleste *est* parfait. » ; Dieu dépend de l'évolution pour « sa complétion et son achèvement », ce que commente Smith ironiquement en concluant : « Comme si ce seul fait ne suffisait pas à rendre "l'Être Absolu" moins qu'absolu ! »[310]

Ce qui apparaît flagrant ici, c'est que Teilhard semble ignorer la réalité d'une Essence divine en laquelle repose la

[309] *Le Cœur de la Matière*, p. 64. *ÉT*, p. 147.
[310] *ÉT*, p. 148.

totalité de la création depuis « les origines ». Si difficile que puisse être pour un habitant de la terre d'envisager cette présence du temporel dans l'éternel, il n'en reste pas moins que le déroulement évolutif de l'univers et sa complétion en Dieu est inscrite dans le Logos « alexandrin » et n'a nul besoin d'être complétée ou modifiée. « L'homme est un être qui a reçu l'ordre de devenir Dieu », dit S. Bonaventure. Et l'Évangile lui indique la marche à suivre. Les contorsions teilhardiennes n'apportent rien de plus dans leur démonstration tortueuse d'une soi-disant nouvelle voie. Et à ce propos, une œuvre, telle qu'en a écrit une au cours de sa longue vie notre contemporain Wolfgang Smith, scientifique de haut niveau, philosophe et métaphysicien, nous en apprend beaucoup plus.

Pour revenir à l'évolutionnisme et conclure à son sujet, il est évident que son histoire depuis son apparition jusqu'aux premières décennies du XXIe siècle, revient à la chronique d'une mort annoncée. Mais d'une part le philosophe Thomas Kuhn[311] a fait remarquer que pour qu'une théorie disparaisse et qu'il y ait un « changement d'algorithme », il faut qu'elle soit remplacée par une théorie jugée meilleure et plus conforme à la réalité. Autrement dit, les théories fallacieuses ont la vie dure. Et par ailleurs, il se trouve qu'un avatar inattendu de cette doctrine est apparu au moment où s'amorçait sa chute, dans l'œuvre d'un esprit fondamentalement religieux doué d'une imagination débordante et d'un amour hors du commun de la « sainte Matière », qui, opérant la synthèse d'une foi authentique et de son « obsession évolutionniste » (selon Jean Borella), fut au milieu du XXe siècle l'instigateur d'un « évolutionnisme *théiste* », lequel fit une conquête rapide des meilleurs esprits et un raz de marée chez les simples. Ce « Nouvel Arius » (ainsi le désigne Wolfgang Smith), tout en

[311] Thomas Kuhn, *La structure des Révolutions scientifiques*, 1962.

créant un rebond de la doctrine de l'évolutionnisme biologique, lui donna une envergure insoupçonnée en l'élargissant au plan du psychisme humain, de la société, de l'avenir radieux du cosmos en fonction des progrès insoupçonnés de la science, et surtout de la religion, grâce à l'« *endomorphisation* » du Divin dans la vie de la Terre. Ce qui présentait naturellement la nécessité de sérieuses modifications de la *« vieille Église »* dont il fallait *« déplacer les fondements »* – qui sont et restent toujours le Christ, selon S. Paul – et qu'il convenait de « *libérer du Dieu néolithique* » auquel elle était alors asservie. Rassurons-nous : « *ce serait toujours le christianisme, bien sûr !* ».

Il ne nous appartenait pas de développer ici en détail les nombreux aspects du programme teilhardien qui fait l'objet d'un exposé dans le présent livre, mais de noter que la remarque de Kuhn citée plus haut nous invite à ne pas fléchir dans notre propos de faire triompher la Vérité, en nous armant du sens de la Réalité. C'est une chose qui n'a pas échappé à Wolfgang Smith, qui s'était prescrit cette mission, et soulignait dans une de ses préfaces que l'obligation de revenir sans cesse sur certaines notions, quitte à se répéter, n'était pas pour lui un souci ; ce qu'il a fait, pour notre plus grand profit.

Marie-José Jolivet

À TITRE DE CONCLUSION

LA FIN DE LA RÉALITÉ QUANTIQUE : UNE CONVERSATION AVEC WOLFGANG SMITH

En janvier 2020, un long métrage sur la vie et l'œuvre du professeur Smith, intitulé *The End of Quantum Reality* (producteur : Richard DeLano [1957-2022] ; réalisateur : KTEE Thomas), est sorti en salles. Cette interview, réalisée au domicile de Wolfgang Smith à Camarillo, en Californie, le 29 novembre 2019, porte sur la sortie tant attendue de ce film historique et sur l'héritage du professeur Smith.

Samuel Bendeck Sotillos (SBS) : Si l'on vous demandait de résumer brièvement votre film, *The End of Quantum Reality*, comment le présenteriez-vous à un public qui ne connaît pas votre travail ?

Wolfgang Smith (WS) : Ce que nous espérons accomplir, c'est de libérer le public d'une vision erronée du monde qui nous a été imposée au nom de la science, et ce faisant, de le libérer d'un état chronique de schizophrénie qui est une conséquence de cette vision du monde.

La physique a longtemps affirmé, sur la base de fondements scientifiques supposés solides, que toutes les choses ne sont que des composés de particules dites fondamentales. Ce que nous avons démontré, en nous appuyant sur la théorie quantique elle-même, c'est que ce n'est en réalité pas le cas : le monde dans lequel nous vivons, nous déplaçons et existons *ne* se réduit pas à de simples particules ! Cela signifie que le monde que nous percevons normalement à l'aide de nos cinq sens n'est pas illusoire, comme on nous l'a enseigné depuis le siècle des Lumières.[312]

SBS : Vous avez accompli un exploit remarquable en exposant de manière sans précédent les erreurs fondamentales de la science contemporaine. Vos découvertes remettent fondamentalement en question l'idéologie dominante de notre époque et sont considérées comme « hérétiques » parce qu'elles déconstruisent cette idéologie en tant qu'idolâtrie. Comment cette prise de conscience ou cette démarche s'est-elle produite ?

WS : Tout d'abord, je dois dire que, grâce à mon parcours, j'avais un avantage sur mes collègues. En effet, à la suite de longs voyages dans des régions reculées du globe, en particulier dans les régions himalayennes de l'Inde et du Népal, j'ai été en contact avec des traditions spirituelles vivantes qui m'ont permis de sortir de *la vision* limitée du monde de notre époque. J'ai appris à regarder le monde d'une manière très différente. Je bénéficie ainsi de l'avantage incomparable d'avoir été, dans une certaine mesure du moins, libéré de *l'esprit du temps* qui détermine si rigoureusement notre vision du monde. Je pense que c'est sans doute ce qui m'a permis d'aboutir à certaines conclusions que d'autres, peut-être bien mieux informés que moi, n'ont pas été en mesure de percevoir.

SBS : Vous parlez de notre époque comme d'un « moment singulier de l'histoire » et établissez un lien entre le « problème de la réalité quantique » et un arc historique de quatre siècles que René Guénon (1886-1951) a qualifié de « règne de la quantité »[313], qui semble toucher à sa fin. Pourriez-vous

[312] Plus loin dans cet entretien, le professeur Smith développe la divergence ontologique entre les domaines *corporel* et *physique*, soulignant la nécessité d'un réalignement de la physique avec la métaphysique traditionnelle ; NdE.
[313] Voir René Guénon, *Le règne de la quantité et les signes des temps,* trad. Lord Northbourne (Londres, Royaume-Uni : Luzac & Company, 1953).

développer cette idée importante et discuter de la pertinence du métaphysicien français René Guénon dans votre travail ?

WS : C'est vraiment René Guénon qui m'a fait prendre conscience de l'étrangeté de notre *Weltanschauung* contemporaine, qui prétend réduire toute réalité objective à la catégorie de *la quantité*. Guénon m'a fait comprendre que *les quantités* sont corrélatives aux *qualités* et que, tandis que les quantités proviennent d'en bas, métaphysiquement parlant, c'est-à-dire du côté de *la materia*, les qualités proviennent d'en haut, du côté de *la morphē* ou *de la forme* au sens aristotélicien et platonicien. Il s'agissait donc d'une rectification majeure qui s'est avérée *indispensable* pour élucider l'énigme du monde quantique.

J'ai découvert l'héritage de René Guénon dans un monastère hindou : je me promenais dans la bibliothèque et je suis tombé sur l'un de ses livres. Cela a éveillé mon intérêt. À mon retour en Occident, je me suis fait un devoir d'acquérir ses livres, et j'ai passé plus d'un an à me plonger dans l'étude de ses écrits. Cela a sans aucun doute eu une profonde influence sur ma pensée. Guénon m'a aidé à comprendre ce qu'est la métaphysique authentique. En Occident moderne, nous avons en effet oublié ce qu'est la métaphysique, sous l'influence de philosophes comme Emmanuel Kant (1724-1804) et ses successeurs. Nous avons oublié ce qu'est la philosophie au sens propre, et surtout la métaphysique. René Guénon était un maître en la matière. Il m'a non seulement initié à ce qu'on pourrait appeler la métaphysique pérenne, mais il m'a aussi permis de porter un regard authentique sur la civilisation contemporaine à partir d'une perspective métaphysique. C'est véritablement le point de départ de mon travail sérieux. Le fait de pouvoir ainsi considérer la civilisation contemporaine depuis cette perspective m'a donné un avantage décisif sur d'autres personnes qui s'intéressaient à ces questions. Je suis donc profondément reconnaissant à René Guénon pour cette inspiration cruciale.

SBS : Vous soulevez un point remarquable qui surprendra beaucoup de gens : à savoir qu'il existe très peu de preuves empiriques de la physique einsteinienne. Vous faites spécifiquement référence à sa théorie de la relativité restreinte, et les gens ignorent généralement que sa formule $E = mc^2$ n'a rien à voir avec la théorie de la relativité. Aujourd'hui, Einstein (1879-1955) est considéré comme l'un des plus grands esprits du XXe siècle et, comme vous l'avez vous-même remarqué avec perspicacité, le monde lui-même est en quelque sorte devenu « einsteinien ». L'idée qu'il ait pu se tromper est pratiquement inconcevable pour l'esprit contemporain. Pouvez-vous nous expliquer cela ?

WS : Je suis heureux que vous souleviez cette question, car elle touche un sujet très important. Je dois admettre que jusqu'à il y a quelques années, je faisais partie de ceux qui considéraient la physique d'Albert Einstein, du moins dans ses affirmations principales, comme sacro-sainte. J'ai donc été surpris de découvrir qu'il n'en était rien. Tout d'abord, comme vous l'avez mentionné, il s'avère que la célèbre formule $E = mc^2$ qu'Einstein a dérivée de sa théorie de la relativité restreinte est en fait implicite dans la physique classique de Newton-Maxwell et est apparue dans la littérature scientifique avant l'avènement de la relativité einsteinienne : Einstein lui-même l'a admis dans un livre publié en 1950 (*Out of My Later Years*)[314] – mais le mal était déjà fait : le monde entier, ou presque, s'était converti à la relativité einsteinienne, en grande partie grâce à cette formule fatidique. De plus, lorsque j'ai commencé à examiner de manière plus critique la physique einsteinienne, j'ai découvert, à ma grande surprise, qu'il existait des expériences, remontant à 1913, qui semblaient réfuter la théorie, tandis que les résultats expérimentaux censés la soutenir se révélaient,

[314] Voir Albert Einstein, *Out of My Later Years* (New York, NY : Philosophical Library, 1950).

après un examen plus approfondi, problématiques. Il semble qu'il n'existe pas un seul résultat expérimental qui corrobore sans équivoque la relativité einsteinienne.

Par exemple, si l'on prend les célèbres observations de l'éclipse solaire de 1918, qui auraient corroboré la courbure relativiste des rayons lumineux à proximité du Soleil, il suffit de dire que ces résultats sont très loin d'être une vérification claire de la théorie générale. D'une part, il existe d'autres explications possibles aux déviations observées, comme la présence d'une atmosphère autour du Soleil. D'autre part, les données numériques ne semblent pas correspondre exactement aux prédictions d'Einstein. À y regarder de plus près, il apparaît donc que la physique einsteinienne n'a pas été suffisamment vérifiée.

De plus, au cours des dernières décennies, un grand nombre de prédictions basées sur la théorie d'Einstein se sont en fait révélées fausses : les annales de la physique des particules, en particulier, en témoignent. Mais l'exemple le plus frappant d'échec est l'astrophysique einsteinienne, la célèbre théorie du Big Bang, qui a été enseignée dans nos écoles comme l'explication « scientifique » de la création du monde. Eh bien, aussi incroyable que cela puisse paraître à un esprit ainsi endoctriné, le fait scientifique est que les mesures du CMB ou fond diffus cosmologique, obtenues par le satellite Planck lancé en 2009, ont définitivement réfuté ce scénario du Big Bang, sans aucune possibilité de recours. Il nous faudrait trop nous éloigner du sujet pour entrer dans les détails. Il suffit de dire que les données de Planck ont révélé l'existence d'un axe global dans le CMB qui contredit catégoriquement les hypothèses mêmes de l'astrophysique einsteinienne. Mon argument est qu'une fois que l'on sort des rangs des croyants einsteiniens pour porter un regard critique, les fissures dans l'édifice einsteinien deviennent évidentes. Pour ma part, je suis convaincu que la théorie a en fait été réfutée et que son effet sur la physique dans son ensemble a été désastreux.

SBS : L'évolutionnisme est un dogme central du monde moderne. Pourriez-vous nous parler de ce dogme sous sa forme darwinienne, et sous celle de ce que l'on appelle l'évolutionnisme « théiste » ?

WS : En ce qui concerne l'évolution darwinienne, le fait est qu'en 1859, lorsque Charles Darwin (1809-1882) a proposé cette idée, elle pouvait peut-être être considérée comme une théorie scientifique envisageable, quelque chose qui avait une certaine vraisemblance pour la simple raison que nous avions encore très peu de connaissances en biologie. Au milieu du XXe siècle, avec la découverte de l'ADN, cette lacune a disparu. Au moment où l'on a découvert le génome, ces structures impressionnantes et incroyablement complexes présentes dans le noyau de chaque cellule vivante, le darwinisme est devenu pratiquement inconcevable. Et d'ailleurs, en 1998, lorsque William Dembski (né en 1960) a publié son remarquable théorème sur la production de ce qu'on nomme Information spécifiée complexe (CSI) et a prouvé avec une certitude mathématique que les causes *naturelles* – c'est-à-dire ce que j'appelle la « causalité horizontale » – *ne peuvent pas produire d'information spécifiée complexe,* l'hypothèse darwinienne est devenue indéfendable : ce théorème mathématique a réfuté une fois pour toutes la conjecture de Darwin. Il n'y a absolument aucun moyen de contourner ce fait. Nous pouvons désormais affirmer avec une certitude mathématique que les causes naturelles n'ont pas pu produire des organismes vivants, car le *théorème de Dembski prouve que cela est impossible :* les tonnes d'information spécifiée complexe contenue dans le noyau de chaque cellule d'un organisme vivant ne peuvent tout simplement pas être produites par des causes naturelles.

Bien sûr, comme nous le savons grâce aux travaux révolutionnaires de Thomas Kuhn (1922-1996) (*La structure des révolutions scientifiques*), une théorie scientifique n'est pas immédiatement rejetée dès qu'elle est réfutée. Kuhn a démontré, de manière convaincante selon moi, qu'il n'en va pas ainsi. Une fois qu'une théorie a atteint le statut de paradigme, elle n'est pas abandonnée tant qu'une alternative n'a pas été découverte. Dans le cas du darwinisme, cela signifie que cette théorie subsistera parmi nous pendant encore un certain temps.

En ce qui concerne l'évolutionnisme théiste, cette notion ingénieuse selon laquelle Dieu lui-même intervient occasionnellement pour faire fonctionner l'évolution darwinienne, je pense qu'on peut affirmer sans risque que nous devons cette idée remarquable à l'imagination d'un jésuite charismatique nommé Teilhard de Chardin (1881-1955). Il a eu cette idée et l'a diffusée de manière convaincante grâce à un incontestable talent d'écriture, et des publications qui, bien que dépourvues de tout mérite scientifique et théologique, ont été suffisamment persuasives pour convertir une grande partie de l'intelligentsia, en particulier dans le monde catholique. Je pense qu'on peut affirmer sans risque que le teilhardisme a joué un rôle majeur pendant le concile Vatican II et la période qui a suivi, défendu qu'il a été par des personnalités telles qu'Henri de Lubac (1896-1991). Depuis lors, la doctrine teilhardienne de l'évolution théiste semble avoir acquis le statut de dogme défendu par le Vatican et une grande partie de l'intelligentsia catholique.

Que dit exactement l'évolutionnisme théiste ? Nous savons que le mécanisme darwinien – mutations plus « sélection naturelle » – ne suffit pas à transformer une espèce en une autre. Ce que disent les évolutionnistes théistes, c'est que Dieu intervient pour faire la différence : Dieu agit comme un *deus ex machina* qui, au moment critique, donne un petit élan au processus darwinien pour produire une véritable morphogénèse[315]. Et comme je l'ai souligné dans un article récent « Scientisme évolutionniste : darwiniste, théiste et einsteinien », Dieu fait en réalité un peu plus : il parvient notamment à opérer ce que Teilhard lui-même appelle « la suppression automatique des origines », qui expliquerait pourquoi on ne trouve aucune forme intermédiaire entre des espèces ou des genres distincts dans les archives fossiles. Il semble qu'une fois que Dieu entre dans le processus, presque toutes les difficultés peuvent être facilement résolues « par la toute-puissance divine ».

Cependant, les acclamations qui s'élevèrent derrière les remparts d'une Église assiégée se révélèrent prématurées : à la lumière sobre du jour, le teilhardisme n'est rien de plus qu'une conjonction de science spécieuse et de théologie absurde. Il est étonnant – et révélateur de l'état de notre civilisation – qu'une théorie aussi manifestement fallacieuse que « l'évolutionnisme théiste » ait pu susciter l'admiration d'une élite intellectuelle.

SBS : Vous affirmez que la science doit revenir à ses racines métaphysiques et spirituelles, qu'elle doit renoncer à ses prémisses matérialistes actuelles. La question se pose : est-il possible de réconcilier la science sacrée – qui est supra-temporelle et supra-spatiale, où la totalité ou l'unité précède la division – avec la science moderne, qui non seulement est matérialiste et uniquement préoccupée de ce qui peut être mesuré et validé empiriquement par les cinq sens, mais repose sur un fondement fragmenté, tant du point de vue ontologique qu'épistémologique ? Et si cette réconciliation n'est pas possible, comment pouvons-nous procéder à cette refondation de la science telle que nous la connaissons aujourd'hui ?

---

[315] Wolfgang Smith, « *Evolutionist Scientism: Darwinist, Theistic, and Einsteinian* » (26 novembre 2019), cet article est accessible à l'adresse suivante : https://philos-sophia.org/evolutionist-scientism/.

WS : La première chose à comprendre est que la physique, du fait de sa nature même, sa structure fondamentale, repose sur l'idée que *le tout est la somme de ses parties infinitésimales.* Il s'agit bien sûr d'une hypothèse qui ne tient pas. Ce qui est étonnant, cependant, c'est que, aussi insoutenable soit-elle, la science qui en découle (à savoir la physique) est d'une efficacité remarquable nous permettant d'expliquer de nombreux phénomènes.

Ce qui est remarquable, à mon avis, c'est que ce pouvoir provient de l'application d'une hypothèse ontologiquement fallacieuse dans la mesure où, d'une manière générale, *les ensembles ne se réduisent pas à la somme de leurs parties.* Un tout est généralement plus que la somme de ses parties ; et en fait, les parties sont normalement définies par rapport au tout. Compte tenu de ce fait, ce qui est étonnant, c'est que la physique a effectivement un champ d'application remarquable : elle peut en effet « *produire des signes et des prodiges qui pourraient séduire les élus eux-mêmes* ».[316]

Cependant, le champ d'application de la physique est en réalité très limité : c'est une chose qui apparaîtra clairement dans un avenir proche, cela ne fait aucun doute. En fait, dans mon dernier livre, *Physics and Vertical Causation*, j'ai tenu à expliquer que la physique est nécessairement « la science de l'inorganique », ce qui signifie que même l'organisme vivant le plus simple, une amibe par exemple, est incomparablement plus que « la somme de ses parties » et ne peut donc pas être compris sur la base de la seule physique. Il existe actuellement des anomalies en biologie que la physique ne peut expliquer. Il semble qu'avec la découverte du génome et des structures moléculaires présentes dans le noyau des organismes vivants, la biologie soit entrée dans une phase de développement où ces irrégularités ontologiques entre un organisme biologique

---

[316] Matthieu XXIV, 24.

et les mécanismes physiques qui lui sont associés ne peuvent plus être ignorées. Nous sommes aujourd'hui sur le point de découvrir que la physique, loin d'être « la science de tout », est en réalité *la science de l'inorganique,* ce qui signifie que même l'organisme vivant le plus simple excède les limites de son champ d'application.

SBS : Votre travail démontre de manière convaincante l'impasse dans laquelle se trouve la science contemporaine et met en évidence une idée choquante et alarmante pour beaucoup, énoncée par le physicien américain Nick Herbert (né en 1936) en 1985 lorsqu'il écrivait : « L'un des secrets les mieux gardés de la science est que les physiciens ont perdu le contact avec la réalité. »[317] Pour beaucoup, la science (ou plutôt le scientisme) est une *Weltanschauung,* une vision totalisante du monde qui s'apparente davantage à un système de croyances ou à une idéologie qu'à une discipline empirique fondée sur des faits. Cette idéologie affirme, en résumé, que la science moderne est l'unique arbitre de la vérité, que seule son épistémologie permet de connaître le vrai et le réel. Pouvez-vous nous parler des implications de cette révélation selon laquelle « les physiciens ont perdu leur emprise sur la réalité » ?

WS : Ce fait – la perte de cette « emprise » – va devenir de plus en plus évident dans un avenir proche, au cours des dix ou vingt prochaines années. D'une part, il est de plus en plus largement reconnu que la physique fondamentale, depuis au moins cinquante ans, est une succession d'échecs. Par exemple, le grand collisionneur d'hadrons de Genève, l'équipement scientifique le plus colossal et le plus coûteux jamais construit par l'homme, avec un tunnel de vingt-sept kilomètres de circonférence et un coût s'élevant à plusieurs

---

[317] Nick Herbert, « Physicists Losing Their Grip », dans *Quantum Reality: Beyond the New Physics* (New York, NY : Anchor Books, 1987), p. 15.

milliards, n'a jusqu'à présent pas réussi à révéler l'existence des particules pour lesquelles il a été construit : les particules dites « supersymétriques ». Cela devait être la prochaine étape dans l'exploration des fondements de la matière, basée sur la théorie des cordes. Je pense que la plupart des physiciens ont désormais pris conscience du fait qu'il s'agissait d'une grave erreur : une tentative malavisée d'intégrer la gravité einsteinienne à la physique quantique. C'est l'un des grands échecs de la physique théorique de ces dernières décennies.

J'ai évoqué il y a quelques minutes l'effondrement de l'astrophysique : le fait que le modèle du Big Bang, qui a été considéré pendant des décennies comme la description définitive de l'univers, depuis son origine supposée il y a environ 14 milliards d'années jusqu'à aujourd'hui, vient d'être littéralement anéanti par la découverte d'un axe dans le fond cosmologique diffus. Nous nous trouvons donc à un tournant, ou plus précisément, à un épisode de l'histoire humaine qui a été inauguré il y a environ quatre cents ans avec Galilée et Descartes et qui touche maintenant à sa fin. Ce qui est en jeu – et commence à vaciller – ce sont les prémisses de ce qu'on appelle les Lumières, à savoir l'idée que le monde objectif se réduit à la pure quantité et peut donc être compris avec exactitude par les méthodes de la physique. Cela se résume à l'idée séduisante que le tout n'est rien de plus que la somme de ses parties. Et cette vision du monde – cette erreur ontologique – est aujourd'hui *réduite à néant.*

Avec l'avènement de la théorie quantique, il est apparu que la physique traite de la réalité – non pas du monde en tant que tel – mais d'un certain substrat du monde, que nous pourrions appeler *le domaine quantique*, qui, à proprement parler, n'existe pas réellement ! Comme l'a dit le grand physicien Werner Heisenberg (1901-1976), ces particules dites quantiques constituent quelque chose « à mi-chemin entre l'être et le non-être, et qui en tant que telles rappellent *les potentiae* aristotéliciennes ». Inutile de dire que cette découverte a été un véritable choc pour la communauté des physiciens : après avoir enfin atteint ce qui était censé être le « fond » – le royaume des atomes « démocritéens » tant attendus –, ils se sont retrouvés face *aux potentiae* aristotéliciennes, « à mi-chemin entre l'être et le non-être » !

Sur le plan technique, l'impasse a pris la forme du « problème de la mesure » : le fait apparemment inexplicable que lorsque nous mesurons un système quantique, celui-ci subit une discontinuité instantanée appelée « effondrement de la fonction d'onde ». Les physiciens s'efforcent d'expliquer ce phénomène – ou plutôt, d'y trouver une explication – depuis près d'un siècle, mais apparemment sans succès. Et la raison de cet échec n'est en réalité pas difficile à trouver : ce qu'on appelle l'effondrement de la fonction d'onde indique que la physique ne nous mène pas jusqu'au bout. Le fait est que l'instrument de mesure ne se réduit pas à un système quantique : une divergence ontologique entre ce que j'appelle le domaine *corporel* et le domaine *physique* – le monde perceptible dans lequel nous vivons, bougeons et existons, et le monde tel que le conçoit le physicien – est apparue.

Il est devenu évident que seule la moitié du monde – d'un point de vue ontologique – peut être décrite en termes quantitatifs : la « moitié sous-existentielle », composée des « *potentiae* aristotéliciennes ». Il s'avère que la physique, étant donné son *mode de fonctionnement* même, est limitée à un domaine sous-corporel « à mi-chemin entre l'être et le non-être », comme Heisenberg l'avait compris il y a longtemps. Le problème est que le physicien lambda est tout simplement incapable de saisir ce fait ! L'establishment physique n'est pas non plus prêt à l'admettre. L'histoire suivra son cours, mais les dés sont déjà jetés. Quoi qu'en pensent ou disent les experts de notre époque, ce que René Guénon a qualifié de « règne de la quantité » touche actuellement à sa fin.

SBS : Beaucoup de gens seraient intéressés de connaître votre opinion sur les travaux du physicien théoricien américain David Bohm [1917-1992] et de savoir en quoi ils pourraient correspondre ou différer de votre propre point de vue.

WS : Eh bien, tout d'abord, en ce qui concerne sa théorie des « variables cachées », je suis personnellement convaincu qu'il s'agit d'une approche fondamentalement erronée. David Bohm voulait rétablir une sorte de déterminisme laplacien en postulant que les trajectoires des particules, déterminées par des équations différentielles du mouvement, constituent le fondement de la physique en général. Et je dois dire que la manière dont il y est parvenu est absolument ingénieuse et brillante à l'extrême. En fait, les physiciens les plus éminents de l'époque auraient déclaré haut et fort que ce que Bohm tentait de faire était tout simplement impossible : et il l'a fait ! Mais la question est la suivante : quelle est la signification de ce travail, qu'accomplit-il ou prouve-t-il ?

Tout d'abord, je ne pense pas que la physique bohmienne permette de résoudre des problèmes (réels) qui, de toute manière, ne peuvent pas être résolus tout aussi bien, et en fait plus simplement, par les méthodes de la mécanique quantique standard. Cependant, la raison pour laquelle je considère la physique bohmienne comme « dangereuse » est qu'elle encourage un retour à la notion classique de particules réelles, suivant des trajectoires réelles conformément à des équations différentielles données : en d'autres termes, à la physique préquantique. Bohm semble suggérer qu'il a réussi à étendre la physique préquantique au domaine quantique, mais ce n'est tout simplement pas le cas. Formellement, il y est peut-être parvenu, mais en réalité, les phénomènes dits quantiques, tels que l'incertitude de Heisenberg, restent persistants. Le monde de la physique classique ou newtonienne a disparu pour ne plus jamais revenir : pourquoi alors s'efforcer de conserver un formalisme désormais dépassé ?

Je suis convaincu que Bohm voulait « remonter le temps » : il souhaitait que son formalisme soit interprété ontologiquement, et ainsi témoigner que le monde quantique est constitué de particules réelles, suivant des trajectoires réelles, conformément aux équations différentielles de sa théorie des « variables cachées ». Or, cela est tout à fait trompeur. Cela revient à nier les implications ontologiques de la mécanique quantique, qui affirme *qu'il n'existe* en réalité ni *particules réelles,* ni trajectoires bien définies. Les particules et les trajectoires n'appartiennent tout simplement pas au domaine quantique, ce qui signifie, selon les termes de Heisenberg, que nous avons affaire à des « *potentiae* aristotéliciennes », par opposition à ce que j'appelle des entités *corporelles. De plus, lorsqu'une de ces soi-disant particules quantiques est actualisée, à cet instant précis, l'équation de Schrödinger est remplacée – « réinitialisée », comme disent les physiciens. Le fait qu'il n'y ait pas de discontinuité correspondante dans le formalisme de Bohm ne constitue pas, à mon avis, un mérite, mais un défaut fatal : une indication que le formalisme de Bohm n'est pas naturel, pas authentique, mais artificiel. Car il est nécessaire que l'acte de mesure produise une telle discontinuité : l'ontologie l'exige.*

Tout ce qui est fondamental pour une compréhension ontologique de la mécanique quantique est en quelque sorte caché et nié dans la formulation de Bohm. Bohm semble persuader ses adeptes que, dans la mécanique quantique, nous avons toujours affaire au monde classique, dans lequel les particules démocritéennes se déplacent selon des équations différentielles de A à B, et où tout est prévisible, déterministe et intrinsèquement newtonien. Mais ce n'est manifestement pas le cas.

En revanche, je dois féliciter David Bohm pour avoir semblé saisir l'idée ontologique de *la totalité* comme quelque chose qui dépasse un simple assemblage de parties. Dans plusieurs de ses derniers écrits, il aborde cette question d'une manière qui montre clairement qu'il était devenu méfiant concernant la réduction du tout à ses parties infinitésimales. Comme je l'ai souligné précédemment, la physique mathématique en tant que telle repose en fait sur ce postulat. Les physiciens, à quelques rares exceptions près, s'il en est, considèrent cela comme un acquis, mais il n'en est rien : le tout est *plus* que la somme de ses parties. Tôt ou tard, ce fait devra se manifester sous la forme d'irrégularités inexplicables, et les physiciens seront alors contraints de reconnaître les limites de leur discipline. L'idée que la physique est potentiellement « une science de tout » est naïve. Au contraire, le pouvoir même de la physique découle de ses limites ! Dans mon dernier livre (*Physics and Vertical Causation*), j'ai tenu à démontrer que c'est précisément pour cette raison que la physique ne s'applique pas avec une précision suffisante aux organismes vivants, le fait étant que ce sont des entités corporelles dotées d'une forme substantielle communément appelée « âme ». C'est là qu'intervient l'organique proprement dit, et la physique ne peut l'aborder. Je pense que David Bohm commençait à percevoir l'existence d'« effets de totalité » qui ne sont pas compatibles avec les « lois de la physique » habituelles. Il s'est par exemple rendu compte que ce que l'on appelle la « non-localité » en théorie quantique est un effet de la totalité. À cet égard, il a devancé Albert Einstein, qui n'a jamais pu accepter le phénomène de la non-localité : il l'appelait avec dérision « *spukhafte* Fernwirkungen » ou « action fantomatique à distance ». Le fait est que Bohm a fait mieux : il a reconnu qu'il existe des ordres de phénomènes mettant en évidence *la totalité* qui ne peuvent être compris dans le cadre réducteur habituel. Apparemment, il était convaincu que des adaptations au sein même de la physique pouvaient rendre compte de ces effets – ce qui peut être vrai jusqu'à un certain point – mais, en tout état de cause, il s'était affranchi du réductionnisme simpliste des einsteinistes.

Permettez-moi d'ajouter une remarque : David Bohm entretint une longue amitié avec un ascète indien nommé Krishnamurti (1895-1986), et je suppose que c'est de lui qu'il reçut l'idée de « totalité » comme quelque chose qui dépasse la somme de ses parties : cette idée est en effet fondamentale dans la pensée indienne. On sent que Bohm était par nature extrêmement « mathématique » ou « quantitativement orienté », ce qui signifie que la notion de « totalité » mentionnée ici apparaît quelque peu comme un « élément étranger » dans sa pensée. Et même si cette notion a enrichi ses réflexions ultérieures et donné lieu à des observations profondes et fascinantes, Bohm ne s'est pas complètement converti à une vision « holistique » : s'il l'avait fait, il n'aurait jamais proposé sa théorie des « variables cachées ».

SBS : Vous présentez la notion de *causalité verticale* et ses différents degrés, par opposition à *la causalité horizontale* qui opère « dans le temps » et dépend du déroulement des événements temporels. Que signifie cette distinction pour la science contemporaine et la redécouverte du cosmos intégral ?

WS : Ce que j'appelle causalité « horizontale » est une causalité qui s'exerce par transmission à travers l'espace et le temps. Quelque chose se déplace dans l'espace et a un effet sur d'autres choses : c'est la causalité *horizontale.* C'est la causalité à laquelle nous avons normalement affaire en physique. Cependant, ce qui est remarquable, c'est que lorsqu'il s'agit de mesurer un système quantique, il se produit une transition entre ce que j'appelle le niveau *physique* et le niveau *corporel* ; et dans la mesure où une transition entre deux plans ontologiques distincts ne peut être qu'instantanée, la causalité impliquée dans cet acte de mesure ne peut être horizontale. La mesure d'un système quantique met donc en jeu un acte vertical de causation. Voilà comment j'ai découvert l'existence de la causalité verticale.

Pour autant, aussi simple que puisse être cette reconnaissance, la notion de causalité verticale semble généralement difficile à accepter pour les physiciens contemporains : il semble qu'Albert Einstein ne soit pas le seul à éprouver de l'antipathie pour ce qu'il appelle « l'action fantomatique à distance ». Mais une fois surmontée cette antipathie, que je soupçonne d'être fondée sur des préjugés, il devient relativement facile de discerner l'action de la causalité verticale dans d'innombrables phénomènes relevant de nombreuses sciences. Pour donner un exemple capital : le théorème de William Dembski de 1998, selon lequel la causalité horizontale ne peut produire d'information spécifiée complexe ou CSI (que j'ai déjà cité en relation avec la théorie de Darwin), s'avère être un moyen efficace pour découvrir la causalité verticale : il suffit de pointer du doigt la production de CSI, et *voilà :* nous avons là, de manière incontestable, un effet de causalité verticale ! Ce que je vous dis en ce moment même en est un exemple parfait : dans la mesure où je ne me contente pas de reproduire ce que moi-même ou quelqu'un d'autre a dit ou écrit, mais où je « compose » réellement un nouveau texte, je produis en vérité de la CSI : et c'est quelque chose que la causalité horizontale ne peut accomplir. On découvre finalement que la causalité verticale est en fait première : qu'elle opère dans tout le cosmos intégral et qu'elle a le pouvoir de précéder la causalité horizontale. Au risque de scandaliser tout le monde, permettez-moi de souligner que la découverte de la causalité verticale ouvre la porte à la redécouverte des sciences traditionnelles anciennes, telles que l'astrologie et l'alchimie, qui ont longtemps été considérées comme des superstitions « préscientifiques ». Prenons l'astrologie en particulier : elle constitue l'opposé polaire de la physique, car alors que la physique fonctionne exclusivement avec des modes de causalité horizontaux, l'astrologie, quant à elle, fonctionne – là encore exclusivement – avec une causalité verticale. Certes, les astrologues d'aujourd'hui peuvent très bien imaginer que la planète Jupiter, par exemple, agit sur nous à travers les immensités de l'espace par l'effet d'un rayonnement mystérieux, mais cela ne ferait que montrer qu'ils ne comprennent pas la science qu'ils prétendent appliquer. Le fait est que l'astrologie traditionnelle ne fonctionne pas selon des modes de causalité horizontaux, ni par transmission à travers des millions de kilomètres, mais instantanément par causalité verticale. Ce n'est qu'après s'être affranchi de l'emprise de la *Weltanschauung* postcartésienne que l'on peut avoir une idée des sciences traditionnelles, qui, à certains égards, sont plus puissantes et plus efficaces que les nôtres.

SBS : Vous faites également une distinction importante, que beaucoup de gens ignorent peut-être, entre la réalité *physique* et la réalité *corporelle*. Pourriez-vous nous expliquer ces concepts et leur importance ?

WS : Le monde dans lequel nous vivons, nous déplaçons et existons est corporel. La chaise sur laquelle je suis assis est corporelle, le bureau sur lequel j'écris est corporel, tout comme mon propre corps. Cependant, ce qui fait qu'un objet est corporel, c'est une *forme* correspondante : une forme *substantielle*, pour employer le terme scolastique. Il y a la *materia* et *la forma,* la matière et la forme, et la réalité corporelle est produite par l'union des deux. La forme d'un objet corporel, appelée sa forme substantielle, est ce qui en fait une substance, ce qui lui donne *son existence.*

Or, l'univers *physique* est simplement le monde tel que le conçoit le physicien. Il est purement quantitatif, et décrit par des équations différentielles. Avec l'avènement de la théorie quantique, on a toutefois découvert que ce monde *n'existe pas en réalité* : aussi incroyable que cela puisse paraître, c'est la conclusion à laquelle on aboutit inévitablement, qu'on le veuille ou non. Les particules du domaine quantique ne sont pas de véritables atomes « démocritéens », mais quelque chose « à mi-chemin entre l'être et le non-être », pour citer à nouveau Heisenberg. Ce qui différencie les entités corporelles du matériau (*stuff*) quantique sous-corporel, comme on peut le deviner, n'est autre que la forme substantielle, dont dérive leur existence corporelle. Pour employer des termes iconiques venant de l'hylémorphisme, on pourrait dire que la nature corporelle vient *d'en haut,* tandis que le physique – ce dont s'occupent les physiciens – dérive *d'en bas.* Et c'est ce qui rend la vision contemporaine du monde si destructrice : elle réduit le supérieur à l'inférieur, c'est-à-dire qu'elle renverse l'ordre des choses.

SBS : C'est à travers une perspective métaphysique inspirée des traditions sapientielles du monde que vous soutenez que nous pouvons « enfin revenir au monde réel ». Qu'entendez-vous par là, alors que la plupart des gens considèrent que notre expérience actuelle du monde phénoménal est réelle ? Or, ce n'est pas le cas, selon votre conclusion. Pourriez-vous développer cette idée ?

WS : Depuis l'avènement des Lumières, les couches éduquées de la société, du moins, ont appris à croire que « le monde réel » n'est autre que le monde des physiciens, composé d'atomes, que nous savons aujourd'hui être constitués de particules quantiques. Cela signifie que le monde dans lequel nous vivons, nous mouvons et existons réellement – le monde dans lequel l'herbe est verte, par exemple – constitue une sorte d'illusion subjective : un monde consistant de *res cogitantes* ou « choses de l'esprit », comme l'a si bien dit René Descartes (1596-1650). Mais le fait est que ce n'est pas le cas, et que depuis le XXe siècle, la physique elle-même nous le dit, pour peu que nous apprenions à l'écouter ! Il s'avère, *sur la base de la physique elle-même*, que ce monde dans lequel nous nous trouvons et où l'herbe est réellement verte, loin d'être une *res cogitans*, n'est en fait rien d'autre que « le monde réel ».

SBS : Si votre travail vise à ressusciter le cosmos intégral par le biais d'une science sacrée enracinée dans la métaphysique, il semble également introduire un cadre paradigmatique pour ce que le grand historien de l'art du XXe siècle, Ananda K. Coomaraswamy (1877-1947), a appelé la psychologie traditionnelle ou pérenne.[318] Considérez-vous que votre travail contribue également à refonder la psychologie ou la « science de l'âme », qui est elle aussi en crise et dans une impasse ? Je me demande si vous seriez d'accord avec ces observations.

WS : Il est inévitable que ce que j'ai appelé « le retour au monde réel » ait un impact sur toutes les sciences, y compris la psychologie. Je dois toutefois ajouter que ce que j'ai appelé « la redécouverte du monde réel » a en fait conduit à la redécouverte de ce que l'on pourrait appeler, dans le langage traditionnel, le « cosmos intégral », qui s'avère être tripartite — composé des domaines corporel, intermédiaire ou psychique, et archétypal ou spirituel. Je mentionne cela en rapport avec la psychologie, car la redécouverte du cosmos intégral place cette dernière sur une base ontologique qu'elle n'a jamais eue à l'époque moderne. Le point essentiel est que la strate intermédiaire de la réalité cosmique consiste en un domaine ontologique soumis à la temporalité, *mais non à l'espace :* il s'agit précisément du domaine *psychique*, qui est le domaine de la « psychologie » au sens plein et authentique du terme.

---

318 Voir Ananda K. Coomaraswamy, « On the Indian and Traditional Psychology, or Rather Pneumatology », dans *Coomaraswamy, vol. 2 : Selected Papers, Metaphysics,* éd. Roger Lipsey (Princeton, NJ : Princeton University Press, 1977), pp. 333-378.

SBS : Si vous aviez une dernière réflexion ou un dernier commentaire à faire sur ce que vous aimeriez que les spectateurs retiennent du film, quel serait-il ?

WS : Je pense que ce que j'aimerais que les spectateurs retirent du film ne pourrait être défini plus clairement que comme un « retour au monde réel » dans le sens d'une *redécouverte.* **Je** dirais au public : on vous a appris à croire que l'univers est constitué de « particules quantiques », que votre femme, votre mari ou votre enfant ne sont finalement rien d'autre qu'un agrégat de ces particules. Et bien sûr, vous ne le croyiez pas vraiment ; comment auriez-vous pu, tout en restant humains ? Vous étiez donc divisés intérieurement : moitié ceci, moitié cela. En un mot, vous étiez condamnés à un état irréversible de schizophrénie.

Et puis je leur annoncerais la bonne nouvelle. Vous n'avez plus besoin d'être divisés, leur dirais-je. Le monde que vous percevez, avec ses couleurs, le parfum des fleurs et le chant des oiseaux, n'est pas, tout compte fait, une *res cogitans* : vous pouvez désormais embrasser votre enfant en sachant avec certitude qu'il est réel ! En un mot, *vous pouvez* redevenir *humains.* Et comme si cela ne suffisait pas, vous pouvez à nouveau *emprunter les chemins anciens et sacrés de vos pères,* avec la certitude qu'ils vous mèneront à une fin heureuse.

SBS : Merci beaucoup d'avoir pris le temps, malgré votre emploi du temps chargé, de me rencontrer pour discuter et clarifier bon nombre de ces idées importantes. J'espère que votre film touchera un large public, car il est extrêmement précieux et signifiant pour l'époque dans laquelle nous vivons.

Samuel Bendeck Sotillos

CONTRIBUTEURS

Samuel BENDECK SOTILLOS, *écrivain et psychothérapeute, titulaire d'un doctorat en psychologie de la California Southern University.*

P. Luke BELL, *prêtre et moine bénédictin de l'abbaye de Quarr. Auteur de* The Meaning of Blue: Recovering a Contemplative Spirit, The Mystery of Identity *et* Truth in Person.

Bruno BÉRARD, *auteur de livres de métaphysique et éditeur, docteur de l'EPHE-Sorbonne.*

William M. BRIGGS, *écrivain, philosophe et scientifique, docteur de Cornell University.*

P. Richard ESCUDIER, *directeur au Séminaire de Paris, vicaire épiscopal pour les communautés d'origine étrangère du diocèse de Paris.*

Marie-José JOLIVET, *traductrice de Wolfgang Smith en français.*

Sebastian MORELLO, *philosophe dans la tradition intellectuelle et spirituelle occidentale, spécialisé dans le réalisme classique, le mysticisme et l'ésotérisme, le traditionalisme politique, la philosophie des sciences et l'éthique écologique. Il est l'auteur de nombreux ouvrages, dont* The World as God's Icon *(Angelico Press, 2020),* Conservatism and Grace *(Routledge, 2023), and* Mysticism, Magic, & Monasteries *(Os Justi Press, 2024). He holds the Wolfgang Smith Chair in Philosophy at St Mary's University, London.*

Seyyed Hossein NASR, *philosophe iranien, professeur d'études islamiques à l'université américaine George Washington.*

Olumakinde OGUNNAIKE, *Chercheur postdoctoral présidentiel en physique théorique à l'Université de Californie, Berkeley, titulaire d'une licence en physique et mathématiques obtenue à l'Université Harvard, d'un master de recherche en philosophie de la physique de l'Université d'Oxford, ainsi que d'un doctorat en physique théorique de la matière condensée, délivré par le Massachusetts Institute of Technology (MIT).*

Hugh OWEN *a fréquenté l'université de Princeton, celle de New York puis le Bank Street College of Education à New York, où il a obtenu un master en éducation, supervision et administration. Après 25 ans d'enseignement, il a fondé le Kolbe Center for the Study of Creation et est membre de l'Académie Jean-Paul II pour la vie humaine et la famille.*

Ali SEBETCI, *est un physicien computationnel turc, professeur à l'université technique OSTİM, dont les travaux intellectuels se situent à la croisée de la philosophie de la nature, de la métaphysique et des limites de l'explication scientifique. Il a traduit en turc les ouvrages de Wolfgang Smith intitulés* The Quantum Enigma *et* Ancient Wisdom and Modern Misconceptions, *et écrit sur la critique du scientisme et la redécouverte des principes métaphysiques traditionnels dans le discours scientifique.*

Richard SMITH, *mathématicien et spécialiste en sciences des systèmes, a obtenu son doctorat sous la direction de George Klir sur le thème de l'incertitude et de l'information après avoir obtenu sa licence à l'université de Californie à Berkeley. Collaborateur étroit de Wolfgang Smith durant les dernières années de sa vie, il a dirigé la Philos-Sophia Initiative Foundation et contribué à la publication des films et des livres de Smith. Il occupe actuellement le poste de président exécutif de la Foundation for the Study of Cycles.*

Denis SUREAU, *éditeur et auteur d'essais de théologie.*

John TAYLOR *a un master en philosophie des sciences de la LSE (London School of Economics and Political Science) et une licence en philosophie de l'UCL (University College London). Connaissant Wolfgang Smith, il a écrit un article avec lui, publié dans son dernier livre :* Physics: A Science in Quest of an Ontology.

Charles UPTON, *poète et ésotérologue.*

Index des noms

Structures éditoriales du groupe L'Harmattan

L'Harmattan Italie
Via degli Artisti, 15
10124 Torino
harmattan.italia@gmail.com

L'Harmattan Hongrie
Kossuth l. u. 14-16.
1053 Budapest
harmattan@harmattan.hu

L'Harmattan Sénégal
10 VDN SICAP AMITIE 3
BP 45034 Dakar-Fann
direction@senharmattan.com

L'Harmattan Cameroun
Tsinga/Derrière polyclinique FECAFOOT
BP 11486 Yaoundé
Jacques.koukam@harmattan.fr

L'Harmattan Burkina Faso
Villa 281, secteur 23 623, rue 14.32
Ouagadougou
zagbie@outlook.fr

L'Harmattan Guinée
Almamya, rue KA 028 OKB Agency
BP 3470 Conakry
harmattanguinee@yahoo.fr

L'Harmattan RDC
185, avenue Nyangwe
Commune de Lingwala – Kinshasa
matangilamusadila@yahoo.fr

L'Harmattan Congo
219, avenue Nelson Mandela
BP 2874 Brazzaville
deunovmikhael@gmail.com

L'Harmattan Mali
Immeuble Mgr Jean Marie Cissé
Aci Hamadallaye
BP 145 Bamako
syllaka@yahoo.fr

L'Harmattan Togo
Djidjole – Maison Amela
face EPP BATOME
02 BP 20680 Lomé
didieramela11@gmail.com

L'Harmattan Côte d'Ivoire
Résidence Karl – Cité des Arts
Abidjan-Cocody
03 BP 1588 Abidjan
harmattan.ivoire@gmail.com

L'Harmattan Bénin
Rue 604, (Immeuble à l'entrée
de la rue UCAO- Cite de Saint-Jean)
Cotonou
stepcorpus@gmail.com

Nos librairies en France

Librairie internationale
16, rue des Écoles
75005 Paris
librairie.internationale@harmattan.fr
01 40 46 79 11
www.librairieharmattan.com

Librairie des savoirs
21, rue des Écoles
75005 Paris
librairie.sh@harmattan.fr
01 46 34 13 71
www.librairieharmattansh.com

www.ingramcontent.com/pod-product-compliance
Lightning Source LLC
LaVergne TN
LVHW010019081026
849535LV00016B/1545
* 9 7 8 2 3 3 6 5 7 6 5 6 5 *